こうすれば解ける！文章題

（問題の正しい読み方・解き方）

黒須　茂・山川雄司・横田正仁　共著

はじめに

私たちは，小中学校に通うお孫さんやお子さんの投げかける算数の質問に対して，「自分のことは自分で考えなさい」とか，「算数なんていうものは暗記だけが勝負なのだ」といったごまかしで逃げまわるのではなく，もう一度，お孫さんやお子さんと一緒に考えて解決していこうという意図で，算数シリーズ第４弾「教えて！算数・数学(なぜなの・どうして)」を世に問うたのが２年前でした。おかげさまで，世に算数の初歩をもう一度勉強してみようという年配の勉強家が意外と多く，さまざまな質問や激励をいただき勇気づけられました。

この本では，算数・数学本来の理論的思考のもととなる，

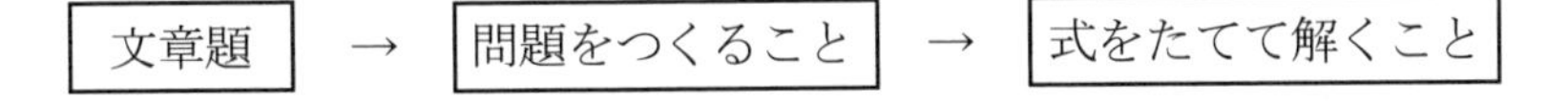

文章題 → 問題をつくること → 式をたてて解くこと

といった文章題の解き方・仕組みを，もう一度，皆さんと一緒に勉強したいと思います。この手順の中で，もっとも大切な作業は「問題をつくること」です。問題の文章題から必要な情報をぬきだして，方程式をつくりあげれば，あとはそれを決められた規則によって解けば，もとめる答えがえられます。

私たちの若いころを思いだしてみると，数学の深遠なるその本質(面白さ)をみようとしないで，ただひたすらまる暗記して，そこそこの点数をとって，わかったようなつもりになっていました。もちろん，それで本当に理解できたなんてまちがっても思ったことはありませんでしたが，社会にでてそのなまけぐせや横着さが，仕事の面で随所にあらわれてきて，こわい思いやはずかしい思いをしたことがあります。

はじめに

最近，生涯教育と称して，年配の方が大学やコミュニティセンターに通って勉強をやりなおすというのがブームになっています。それは，まる暗記や棒暗記では，何の役にもたたないどころか，真理(本質)から目をそらしかねないことを，身をもって体験したことが裏にあるように思えてなりません。

この本の著者のひとり黒須は，その昔，ふたりの著者らとは師弟関係でしたが，今では職場を引退し，もっぱら年金生活による貧しい余生を楽しんでいます。最近，ガマの油売り，バナナの叩き売りなどの大道芸といわれる日本の伝統芸能に興味をもち，人相・手相といった「易占い(六魔とよばれている)」を演じて数年が経過しています。大道芸のルーツを探ると，古くは奈良，平安のころまでさかのぼりますが，庶民までまきこんでさかんになったのは，徳川300年の江戸時代末期です。当時の庶民生活はかならずしも豊かとはいえないまでも，らん熟する文化の匂いだけは察することができ，活気があったように思えます。

もし，私たち現代人が江戸時代にタイムスリップして，江戸の庶民たちと生活したとしたら，満足にひもも結べない，火も起こせないなどと身のまわりのことさえ不便で，悲鳴をあげるでしょう。逆に，江戸の庶民たちが現代にタイムスリップしても，こんなセチ辛い世の中で，まともに生きていけるわけがありません。

私たちが自分のもつ尺度や価値基準で，近代文化と比べて江戸文化を論ずることは危険なことです。そういう考え方では，過去の歴史を正当に評価することなどできるわけがありません。物事を単純化して，即断して仕事を片づけたつもりになっているのは，小中学校からの算数・数学をきちんとやってこなかったことに原因があるように思えてなりません。

江戸時代にタイムスリップするなんていうことは，いくら金を払ってもできることではありませんが，幸いなことに，その気になれば,くわしい書籍や資料をもとめることができます。固定観念を捨てて先祖たちの生きざまを現代人のやっていることに対照させてみていくと，普段は気づかないさまざまなことがみえてきます。

ところで，算数・数学が大好きという変わり者は，まず少数派にちがいありません。学校でつめこまれる科目の中で，いちばんきらわれているのは算数・数学ではないでしょうか。しかも，加減乗除の四則計算の段階ならともかく，代数方程式のように文字がでてくると，日常感覚からはなれて抽象的になってきます。そして，あけてもくれても無味乾燥な文字式のら列をくり返されたのでは,どんなに面白いものであっても，普通の人はきらいになっても不思議ではありません。

ところが，江戸時代の日本の数学は，現在とはまるでちがったあつかいをうけていました。日本の数学は長いあいだ単純な算術のレベルのままでした。しかし，江戸時代のはじめに和算家として有名な関孝和(せきたかかず：1642～1708)があらわれると，わずか200年のあいだに急速な発展をとげました。

関孝和のはじめた日本式の高等数学いわゆる和算は，ピタゴラスのころから2000年以上もかけて発達した自然科学の上に生まれた西洋の数学とはちがった内容でした。和算は，和歌や俳句，碁や将棋などと同じように，学問というよりも趣味のひとつとして発達したことでした。

江戸時代の数学者は，大学で研究するエリートではなく，芸ごとの師匠と同じように，弟子をとって数学を教えていました。弟子のほうも，エリートとは関係なしに，ありとあらゆる職業の人がいました。日本各地に師匠がいて，それぞれの塾単位でさかんに活動していました。その熱中ぶりを，いまに伝えているのが「算額(さんがく)」です。

なにか面白いことをやれば，世間に発表したくなるのは，いまも昔も変わりはありません。江戸時代の数学マニアたちは，むずかしい問題が解けると，板に問題と答えをかいて額縁に入れて，神社，仏閣に奉納しました。こうして，自分の研究を公開すると，マニアたちが集まっていろいろ批評したり，もっとうまい解き方を考えたりしました。算額の問題と答えはすべて漢文でかいているので，それだけでも読むこともできませんが，大学の数学科をでた程度のレベルでは，手に負えない問題が多いということです。農民や木こりや漁師らに支えられた数学マニアたちのレベルは，いかにひまつぶしとはいえ，相当なものであったはずです。

和算は，西洋の数学とちがって自然科学にも結びつかずに，個人の趣味に終わりました。これはたしかに科学としては大きな欠点であったにちがいありません。しかし，本当にそういいきってしまってよいのか，はなはだ疑問のあるところです。現在の科学技術を学んだ理科系の技術者が，あのいまわしい福島第一原発事故が発生したとき，金科玉条のごとく「想定外」を連呼してきりぬけるつもりでいましたし，それで片づくと信じていました。結果として，私たちは人類の破滅につながりかねない科学技術に対する疑問が骨身にしみました。

江戸時代に「算額」を楽しんだ数学マニアのように，碁や将棋を楽しむように，この本を読んで楽しんでいただけると，私たちにとってこれほどうれしいことはありません。この本を読まれた皆さんが，算数・数学を楽しんでくれなければ，説明されるお孫さんやお子さんが楽しくなるわけがありません。自分で納得してお孫さんやお子さんの質問に答えてくれれば，やがてはきっと怪しげなへりくつをこねくりまわして得意になっているいまの大人よりは，ほんとうに人類のためになる大人に育ってくれるのではないかと信じています。

2017 年春　　著　者

黒須　　茂

第０章　算数を教えるとは

第１章　文章題とは

第２章　解けない問題とは

第 3 章　文章題を解くには

第 4 章　文章題をみてみよう

第０章

0.1 はたして日本人は数学の得意な民族と誇れるだろうか

数年前になりますが，出版社の親父さんに「年配者向けの分数の本」をかくように頼まれました。筆者らは数学の専門家ではないから，怪しげなことしかかけない旨を伝えると，「それでよいからかいてほしい」と頼まれ，教え子たちを招集して執筆活動がはじまりました。

この貴重な体験を通して知ったことは，筆者らを含めて私たち日本人は概して数学を苦手とする民族であるといえることでした。数学を勉強する理由には，計算の速さと正確さも大切ですが，なによりも論理的思考力と発想力を育てることにあります。論理的思考とは，理解することと推理することです。理解と推理を積み重ねていって，はじめてつじつまのあう理解や説明ができることになります。なんどもくり返して問題を解き，その過程を身体で覚えることが必要です。その結果，ある条件のもとでもとめる答えが，つじつまのあう形でみちびきだせるようになります。

しかしながら，歴史的に日本の入試制度では計算の速さ，正確さだけを問題にして，論理的思考力を育てる余裕はなさそうです。数学とは，本来，客観的な前提条件をもちいて，ひとつ一つ説明していく学問のはずです。ところが，最近の数学のテストでは，マークシートで正しい解答を選ぶだけなのです。これでは論理的思考力が育成されるわけがありません。論理的思考力を現行の入試制度に期待するのは野暮でしょう。そのためには，私たちの日常生活から少しは物事に疑問をもち，物事を考えた上で結論をだす習慣を身につけなくてはなりません。

幼い頃より，私たちは大人たちにいろいろ質問して困らせたことがあります。それが小学校に入る頃から「～とは」と「なぜ」とたずねられると，うろたえる体質になってしまいました。たとえば，まわりの人に「円周率とは何ですか？」とたずねてみて下さい。なかには，居直って「実際に使うときには，3.14で計算すれば，円周でも円の面積でももとめられるし，もっと建設的なことに頭をつかうべきである」という人もあらわれてきます。はたして，そうでしょうか。

国際紛争にかぎらず，私たちの社会生活でも他人に迷惑をかければ訴えられて，裁判になります。裁判所の争いで，最初にやらねばならないのが「～とは」(定義)を整理することです。それを整理しただけで多くの争いを回避できるはずです。

年ごとに巧妙になっていく「オレオレ詐欺事件」にだまされるお年寄りの後が絶えません。他人をだます常套手段は，立て板に水のようにまくし立てて相手の判断能力を停止させてしまうことです。そんなとき，一歩ひいて「～の部分がよくわからないので説明してほしい」とたずねることができれば，相手はしっぽをまいて逃げだしてしまうでしょう。

他人をだますには途中までは本当であるが，おわりの結論はうそという場合がほとんどです。そのうそをみやぶるためにも，数学によって「～とは」，「なぜ」といった論理的思考をきたえておくことが大切です。かくいう著者のひとりも「オレオレ詐欺」や「中古住宅リフォーム」事件にまきこまれる年齢になってしまいました。もし餌食にされるようになっても，まだ論理的思考の必要性を説く

のでしょうか。論理的思考の必要性を説いても，そういう思考ができるかというとそれは別問題のようです。

0.2　どの子も数学が得意になれる

(1)　数学は決してやさしくはないから，一緒に考えよう

あなたのお子さんが教科書を片手に，あなたに質問にきました。これは親子の絆をつくる千載一遇のチャンスなのです。あなたのお子さんは真剣ですから，あなたも真面目に答えなければいけません。

そんなとき，「今忙しいからあとにしてくれ」などと返事をはぐらかして煙にまいてしまうと，あなたのお子さんはすっかり数学ぎらいになって，あなたをうらむことになるでしょう。つまり，お子さんの数学ぎらいはあなた，つまり親のせいなのです。

もちろん，あなた自身がわからないことのほうが多いでしょう。ですから，即答はむりとして考える時間をもらう必要があります。「今晩一晩考えさせてくれ」とか「土日にやるから，説明は月曜まで待ってくれ」でよいでしょう。お子さんに質問の内容を説明させて，あなたが解決できればよいのですが，プロ野球中継もみないで，ねじり鉢巻きで書斎に閉じこもったきりで，わからないときもあるでしょう。結局，あなただけではわからないとき，「うちの会社の社員に聞いてくるので，もう少し時間をくれ」と申しでることも大切です。そのことを理由にして，お子さんは決して親を軽くみるようなことはしません。

お子さんが親を軽くみるのは，「数学なんて考えればできるもんだ。自分の問題は自分自身で解決する習慣をつけることだ」，「そもそも数学の問題なんていうものは，解けるようにつくってあるんだ」，「数学でも物理でも公式をいくつか覚えて，それをつかって解ければよいのだ」とか，解きもしないで勝手な能書きをならべたてて，お子さんを煙にまいて得意になっているときです。その内，お子さんも「うちの親，ほんとうに

会社で仕事をしているのかな」と親の社会的能力にまでも疑問をもつようになります。あなたのお子さんはあなたの学問に対するひたむきな姿勢をじっとみているのです。あなたのお子さんはお父さんやお母さんの姿勢をみようみまねで学んで成長していくのです。

(2)　勉強を通して自分で解決できる能力をつけたい

学校に行けば，通り一遍の知識を習いますが，自分から関心をもってさまざまなことがらを解決することは，学校ではとても教えられません。そこで，ものごとに関心をもちはじめたお子さんは悩んだり，苦しんだり，試行錯誤して，なにかをつかみとって行くことになります。数学における文章題というのは，その最たる訓練場を提供します。

今日では，科学技術は文字通り日進月歩のスピードで進み，社会の変動には目まぐるしいものがあります。高校・大学で知識を身につけたとしても，このような知識はすぐに陳腐化してしまうのは，誰の目にも明らかなのです。そのような社会状況の中で，生涯役にたつ教育といえば，自分自身で考える解決能力しかないでしょう。

あなたのお子さんの問いかけに対して，即答はむりとしても，若いころにもどって，教科書を丹念に読み，お子さんのつまずいた箇所を発見し，解決の指針をアドバイスするだけの実力は決して失われていないはずです。

(3)　自分が努力してわかれば，面白いし楽しいが，そこに到達するのが苦しい

東京を離れて山奥で独学している学生は，永久に数学や物理のむずかしい問題を考えてもできないとでもいうのでしょうか。ヨーロッパなどの世界的に著名な大学や研究所が人里離れたとんでもない田舎町にこつ然とあるのはどうしてでしょうか。むずかしい問題をできるだけ単純な問題におきかえて，近似的に解くことは誰でもできます。問題が複雑すぎて正確な計算なんぞできるわけがないといいわけするのは，それを口

実にして自分の不決断と臆病心をごまかしているにすぎません。私たちのかつての職場でも会社でも大学でも，こういう人々の臆病心が多くの人の向上心や進歩をさまたげているのです。

自分なりに試行錯誤，つまりああでもないこうでもないと試し計算をくり返していくと，しばらくしてもっともらしい数値がでてきます。そのとき，あなたはその答えが正しいと確信できるものです。教科書の演習問題では，5/27，2.345 といった汚い数値にならないようにつくっています。でてきた数値が正しいのかまちがっているのか確信のもてない答えは，その問題をつくった怠慢な先生に問題があります。

あなたが久し振りに青春時代にもどって，文章題を解いた感動の喜びを，あなただけの喜びにしないで，お子さんに伝える責任があります。その喜びをお子さんに知ってもらうために，著者らはこの本を執筆しているのです。

(4)　あなたのお子さんの人格を傷つけない

お子さんが苦労しても解決の糸口をみいだせないとき，「バカだね」とか「まだできねえ～のか」とかいって，人格を傷つけるようなことをしてはいけません。むしろ苦労して努力した経過を聞いて，頭をつかったことをできるかぎりほめてやることが大切です。

さらに，「お前はお父さんの若い頃より，はるかに努力家だ」とか「そこまで到達しているなら，もう一息。なにかを忘れていないか」といって，もう一度試みさせることです。お子さんを伸ばすもっとも大きな駆動力は試みること，つまり，試行とあなたの忍耐力です。忍耐力のない教師や親にはあまり多くは期待できません。

(5)　お子さんの考えた経過を説明させると，解決の糸口が開ける

「たしかにこの文章題の解釈はむずかしいね。どんな風に解釈して攻めたのかを説明してくれないか」といって，お子さんにきちんとひとつ一つの条件を説明してもらうと，お子さん自身が自分の解釈がまちがっ

ていることに気づくことがあります。まちがっていることに気づいた段階で，その文章題は解決したのも同じです。お子さんが解釈するために，努力した事実をほめることも忘れてはなりません。

もうお子さんは自分の力で歩きはじめているのです。親はあたたかくみまもり，ときどきお子さんの学習をお手伝いするだけでよいのです。

(6)　棒暗記も，きらいな科目にとりくむことも必要

たしかに学校を卒業して社会にでれば，気にいらないことにもでくわすし，たいくつな仕事も多いのです。学校できらいな科目ととりくむのは，きらいなこともさけずに向きあうことを教えてくれるし，暗記も単調な仕事になれさせるという意味では，役に立つものです。しかも，きらいな科目とうまくつきあって，すきな科目になったということになれば，人生において大きな進歩です。大人の社会は，案外たいくつなこともありますが，たいくつさに耐えることもその人の能力のひとつであるといえましょう。

仕事というのは，たいくつな面もありますが，苦しい面の方が多いものです。その反面，生きている喜びを感じさせるうれしい面もあります。できることなら，自分に適した仕事，好きな仕事，お金にもなる仕事をやりたいが，そのためには若いころ，ちょっとばかり勉強しなければならないのではないでしょうか。著者は，かつて教え子から勉強の理由を問われると，このことをいつも訴えていたように思います。つまり，「自分の好きな人生を送るには，ちょっとばかりやらね～とな」。

(7)　お子さんが自分ひとりで宿題にとりくんで解決する独立心をもったならば，あなたよりはできがよい

「お父さん，もう一度説明してくれ。どう考えてもごまかされているようにしか思えないのだが…」とお子さんが攻撃してきたならば，その知的好奇心は絶賛に値します。お子さんはまちがいなく知的に成長した証拠です。

あなたのお子さんが学校でも教師にガンガン質問するようであれば，

学校全体の知的レベルは向上しているように思います。できの悪い教師の中には，「質問するのは恥である」とか「愚にもつかぬ質問で，授業の進みをおくれさせている」，「教師への迷惑も考えぬ変わり者だ」とか，いろいろ批判する教師もいるでしょう。しかし，学校全体のムードはかならず向上していることは多くの人が認めています。少なくとも身内であるあなたは，お子さんのクレームに好意的でなければいけません。お子さんは自分には味方をしてくれる親や友人がいると意識するだけで，勇気がでてくるはずです。

(8)　ジョークの効用

私たちはしきたりや規則や権威にがんじがらめにされた息苦しい世界に住んでいます。テレビのお笑い番組でジョークを楽しんでいるときは，息苦しい足かせ，首かせをはねのける一瞬です。歴史的に見て，人類の進歩は既成の権威を否定することによって実現されたといえます。新しい発見や発明は，一歩斜めからものごとをみることによって，それまでのルールをやぶることから生まれてきました。

むずかしい文章題に悪戦苦闘しているとき，一歩斜めから問題をみつめなおすことによって，解決の糸口を発見することがあります。そのために，テレビのお笑い番組を楽しむことも頭の訓練になるといえます。

0.3　大人が教えられるのは，よみ・かき・ソロバンしかない

技術の分野にかぎらず，どの分野であろうと後継者養成のための教育はつきものです。それは，専門家の養成ですから，さしてむずかしいことはないと思われるかもしれませんが，実は大変むずかしいことであることは，自分の息子や娘のしつけ教育をみていただければ，おわかりいただけると思います。

天下り式に公式を覚えこませる教育は，定期試験でそれなりの点数をとるにはそれでよいでしょうが，その目標，狙いをつかめぬまま大人に

成長してしまう恐れがあります。昔々，数学なんてなかったころ，昔の人たちはなんのために数学をつくったのでしょうか。このことは数学を学習する目的・目標をつかむ有力な糸口のひとつでしょう。

学校でむずかしい数学を習い，「わからない」「なぜだ」の連発を経験して，かしこい友人に解説してもらい，納得して，やっと「わからない人」の気持ちがわかるものです。この本では，通り一遍の授業では，チンプンカンプンの数理(数学的筋道)を新しい視点から，ことばとかんたんな数式だけで説明することを意図しています。

教育が効果を発揮する第一歩は「かしこくなりたい」，「わかるようになりたい」という動機づけを与えることです。ところが，人間という動物は社会にでて生活がそれなりに安定してくると，家でねころがって野球観戦しながら，こっくりこっくりの自堕落な生活をはじめます。これは脳にとっての活性化のさまたげになります。脳は，学び続け，成長し続け，達成をくり返すことの中にこそ，活性化させ若さを保つことができるといわれています。そのためには，自己を高めるための起爆剤として，まずこの本を読んで理解することをはじめたあなたは，老いた脳から若い脳へと進化する大きなチャンスの最中(さなか)にあるといえます。

いま，新卒者が就きたがる職業とその会社はますます門戸をせばめる傾向にあります。学校で学んだ新卒者にとって大切なのは，学校で獲得して備えた能力です。研究室で自分の研究をまとめあげることも，クラブ活動での友人との共同作業で活躍することも大切ですが，やはりよみ・かき・ソロバンは人間としてのたしなみであり，江戸時代以降の日本人はこの修養に努めてきました。このことはいまも変わりありません。

ソロバンによる四則演算に代わって登場してきたのが，ものごとを処理するのにたる知識(ソフトウェア)です。このソフトウェアこそ，実は数学的な論理的思考の賜物なのです。最近のテレビコマーシャルを観ていても，耳障りなカタカナ英語のら列で，これをしゃべっている方がほんとうにわかっているのかどうかうたがわしいときがあります。大人が教えられることといえば，日本語をよみ・かき・ものごとを処理するにたる知識しかないと思えるのです。私たちが今までおつきあいしてきた上司や同僚の中には，たしかに安定した精神をもち，ブレることなくものごとに対応する優秀な人材がいました。彼らに共通していえることは，よみ・かき・ソロバンに裏づけされた卓越した日本語による表現能力です。しっかりした日本語能力をもった人は英語も達者ですし，部下への伝達能力・説得力もあります。お孫さんから「おじいちゃんの説明を聞いていると，同じ言葉の連続でくどいんだよ」といわれたら，「ちょっと時間をくれ」とタイムを要求して，もう一度冷静に筋道をたてて考えてみましょう。それは，まさにお孫さんの勉強とはいえ，おじいちゃんの勉強そのものでもあるのです。

0.4　己を知ることのむずかしさ

アメリカの大リーグで活躍するイチロー選手のような非凡な才能をもった人のテレビ対談は興味深いし，教えられることも多いものです。その内容はある意味では，哲学者や数学者のように筋道をたてて説得力があります。まず，凡人よりも優れている点は，自分の実力を客観的に評価していることです。「自分ができること」よりも「自分には何ができないか」をきちんと冷静に分析しています。自分自身のマイナス面をうけとめる能力は，きっと経験にもとづく自信から生まれたものでしょう。そのような特性が不測の事態にも冷静に対応でき，ブ

レることのない安定した精神力をつくっているように思います。

神社仏閣などで大道芸を演ずるさいに，まず演者は歩道を行きかう通行人の足をとめなければなりません。「さあ，皆さんただ今より大道芸のはじまりですよ。ご用とお急ぎでない方は，しばし時間をさいて聞いていただけると，ありがたい…」といったところで，多くの通行人は素通りしてしまうのが日常茶飯事です。

大道芸をはじめてまもない駆けだしのころ，観客は小学生の男の子が二人だけというときがありましたし，田舎町では観客がひとりもいない裏通りで公演したこともありました。さすがに，この年齢になると，いや気がさすことはありませんでしたが，自分自身との戦いであり，少なからず自分自身にとってよい経験となりました。

あるお祭り会場で，大道芸公演をはじめる前に，いつものように客集めをはじめました。お母さんと娘さんの二人連れが目の前を通りすぎようとしたとき，「お母さん！私の大道易学の口上が終わりましたら，手相による運勢占いをしてあげますよ」といったところ，二人の足がピタッととまりました。お母さんはすかさず「お代はいくらですか」とたずねるので，「今日はお祭りですのでよろしいですよ」と応えました。口上芸を終えると，若い女性たちが列をなしてならんだのには，さすがにびっくりしました。明らかに女性陣は運勢占いを好むようです。その理由を

私なりに考えてみました。

大道易学「六魔(ろくま)」の口上の一節に,「天に軌道があるがごとく,人それぞれに定めをもって生まれあわせております。とかく，子歳(ねどし)の干支(えと)の方は，終わり晩年が色情的関係においてよくない。丙午(ひのえうま)の女性は家に不幸をもたらす。巳歳(みどし)の女性は執念深いといいますが，あたるも八卦(はっけ)あたらぬも八卦，人の定めなどというものは誰にもわからず，そこに人生の悲しさ，悩ましさがあります」という下りがあります。私たちは自分自身の傾向ですら，自分自身だからよけいにわかっていないことが多いのです。そこで，手相による運勢を鑑定してもらって，自分自身について語られた怪しげな言葉に無意識に飛びつくのだと思います。

ですから，易者は悲観的なこと，暗いことをいうことは絶対に禁句としなければなりません。たとえば，歌手志望のお嬢さんから「オーディションを受けるべきか」とたずねられたら「あなたの信ずる道を進みなさい。オーディションは受けるべきです。かならず合格します。チャンスは今です」と応えて，不安な気持のお嬢さんの背中を押してあげることが大切です。

女性にかぎらず，私たちは自分に関心が向けられたり，自分のことを語られたりすることに，快感を覚えるのだと思います。人間の本能として，自分が生き延びるための行為(食欲)や子孫を残すための行為(性欲)には，快感を覚えるように脳は働いています。また，「もうすぐできる」と，何かを期待して行動するとき，脳は活発に活動して，快感を覚えます。快感というと，不謹慎なように聞こえるかも知れませんが，人間はとどのつまり,この快感をもとめたり,与えたりして生きているのです。

男性陣が会社の同僚らと女性のいる酒場(スナック)に行きたがるのも同じことです。酒場のママさんやお姉さんから「○○さんって，すごいわ」「○○さんって，なんか好きになっちゃったわ」といった，言語による快感をもらうために高い金額を支払うのです。

私たちの人間社会では，この言語による快感のやりとりでなりたっているのです。この快感のやりとりがうまくできないと，いじめの対象になったり，仲間からうとんじられることになります。さらに，昇進とか業績評価とか仕事の達成感による快感は，さまざまな人間の活動の原動力となっています。

ここで，大道芸公演の話題にもどりますが，自分なりに努力したつもりでも，演出をまちがえると，ちっともうけなかったり，お客さんが去ってしまうことがよくあります。そんなとき「自分の努力と反省の記録」を残すことにしています。あとから努力の痕跡をみ返したときに，「自分の努力」をみ返すと同時に，「観客の心をつかみそこなった原因」も探っていると，勇気と自信が湧いてきます。これはサラリーマンの仕事でも，同じことがいえます。ボーナスの時期になると，自分なりの努力に対して，その評価は低くていらだちを覚えることがよくあります。そんなときも「自分の努力の記録」を調べれば「自分は今期，これだけ努力してきたじゃないか」と感じて，来期への励みになり，挫折をふせぐことができます。要は，自分と冷静に向きあうことの大切さをいいたいだけなのです。

さて，『こうすれば解ける文章題』の読者であるお父さんやお母さん，おじいちゃん，おばあちゃんにアドバイスをまとめておきましょう。

あなたのお子さんやお孫さんが説明をきいて，「文章題そのものが，なんだかわかったような気がする」などと反応することは，まずむりな相談でしょう。もし，それが現実であれば，はじめから教える必要のないお子さんを相手にしてしまったあなたが，役者の三枚目だったということになります。

まず，教えられるお子さんやお孫さんとの間に距離や壁があったりすれば，あなたの意図はまったく伝わりません。そんなときは，お子さんやお孫さんにしゃべらせましょう。あなたは徹底して聞き役にまわるのです。人間は誰でも自分の話をちゃんと聞いてくれるとうれしくなったり，気分がよくなってきて，目の前にいる相手を信頼しやすくなるものです。ただ聞いているだけではいけません。大切なのは，共感するところを探しだすことです。共感するところがあるとわかったとたん，打ち解けられたという感じになります。たとえば「おじいちゃんもたしかに惰性で仕事をこなしているだけで，集中力が高まっているようには思えないときもあったさ。集中力が持続しなければ，成果なんかあがるわけないから，そんなときは我慢して5分だけやってみることだな」というと，「じいちゃん，もう5分過ぎたよ」と応えてきます。そんなところからスタートすることです。人生，あせることはないのです。

つぎに，あなたのお子さんやお孫さんを徹底してほめたたえてください。「今日は30分も文章題にとりくんだじゃないか」，「今日の文章題についての質問は実によい質問だった。今晩，じいちゃんも考えて，もっとうまい答えのだし方を考えることにするよ」といって，じいちゃんはつねにお孫さんの味方で，大切に思っていることを教えておきます。

さらに，お子さんやお孫さんに「ボクって，生まれつき数学を勉強する能力がないんじゃないの？」と思わせないことが大切です。数学の宿題をそれなりにこなして，それなりの評価をうけているとしたら，「あなたのお子さん（もしくはお孫さん）は数学ができる素質がある」というこ

とです。人間は自分の適性にあった分野で仕事をするのにこしたことはありませんが，まだ未成熟なときに文系・理系の分別はあまりの暴挙といってよいでしょう。もっと心を落ち着けて音楽をきいたり，絵画をみたり，読書に親しんだり，自分で考える時間をもったり，忍耐力を必要とする文章題を解いたりする習慣を身につけることのほうがはるかに大切なのです。たった一度の人生ですから，自分を大切にすることが自分のためになることを教えましょう。

トピック１　それなりに努力したつもりが「テストではよい点がとれない」となるのは

試験期間になると，ふだん遊んでいたつけを一夜づけでばん回しようとしましたが，よい点はとれませんでした。やがて卒業して社会にでると，一夜づけの勉強では「害あって益なし」であることを思い知らされました。

試験前夜に何度も教科書やノートを読み返して，必要な項目を頭の中に焼きつけたのに，試験問題では何がもとめられているのかもわからず，苦しまぎれに勉強した内容を必死にかきうつしたものです。これは読み返してその内容に見慣れた脳が「理解した」ととりちがえて錯覚したのです。

理解するためには，教科書やノートを読み返すだけの横着な勉強の代わりに，一題でも多く演習問題を解けばよいのです。多くの学生にとって演習不足が現実です。演習は脳にとって負担にはなりますが，理解には確実に近づきます。さらに，一緒に勉強している仲間にも教えてやることで，理解したことが整理でき，習得することができます。その相手が質問でもしてくれれば，理解はより一層深まります。結局，試験をのりきるためには，一夜づけではむりという話になるのですが，多少時間はかかっても，演習問題を解けば理解は深まります。

第1章

1.1　文章題とは

文章題とは，問題の条件，設問などが文章の形式になっている問題のことであり，とくに初等教育の算数であつかう応用問題をさす場合が多いです。あなたのお子さまが「文章題がにがて」といいだしたら，もうちょっと深刻にうけとってやるべきと思います。文章題が解けないということは，その文章題が何をたずねているのか「わからない」ということです。算数でありながら，文章題は国語による理解力が問題であるともいえましょう。文章題のいやらしいところは，国語による理解力のみならず社会，理科といった他の教科にも密接に結びついているので，文章題を克服すると，他の教科もわかってきますし，楽しくなります。

「文章題がにがて」といってきたあなたのお子さまには，問題の意味を考えることが大切で，考えようともしないうちに，あなたが結論めいたことを口にしたり，手をだしては指導になりません。お子さまに問題の意味を説明してもらうと，大人の顔色をみるのになれてきて，親の反応をみながら説明をかえていきます。お子さまが説明している間は，あなたは仏頂面して，あいづちもうってはいけません。お子さまが問題について説明するのになれてくると，文章題に必要な言語力がつきます。言葉の力や読みとる力，それを他人に説明する力がつくと，確実に算数，数学は得意になっていくのです。

ところが，問題の意味を考えることよりも，早く式を覚えさせて，計算が早くなることに重点がおかれるために，自分で考えることをしないせいで，高学年になってつまずくのです。文章題をお子さまに読ませたら，教科書を閉じさせて「どんなお話だったか聞かせて」といって，お子さまに説明させて下さい。お子さまははじめ，問題を棒暗記して答えるでしょう。そうではなく「どんなお話だった？だれがでてきたの？」とやさしく聞いて下さい。お子さまが答えられない場合，もう一度教科書を読んでもらいます。

すると，今度は文章題を理解しようと思うので，問題をよく読むようになります。とくに文章題は声をだして読むことも大切です。音読すると，「あわせていくつでしょう」「ちがいはいくつでしょう」「残りはいくつでしょう」という算数の表現になれてきますので，文章題のひっかけや思いこみにつまずかなくなります。

1.2　文章題とつきあう方法

では，手はじめに，つぎのような文章題を考えてみましょう。

> お菓子を袋に入れるのに，1袋に4個ずつ入れるとお菓子が8個余り，1袋に5個ずつ入れると最後の1袋にはお菓子が2個しか入れられませんでした。お菓子は全部で何個あったのでしょうか。

すぐに解こうとするのはやめて下さい。反射的に問題を解こうとすると，たいていは失敗します。英文を読みもしないで和訳したところで，意味のある文章にはなりません。仕組みを解きほぐさないと，すっかり数学ぎらいになってしまいます。仕組みを解きほぐしていくために，文章題を落ちついて解釈することからはじめましょう。

まず，この文章題を解釈するために，問題から必要な情報だけをぬきだして箇条書きにしてみましょう。たとえば，こんなふうにかきぬいて下さい。

1.　1袋に4個ずつ入れると，お菓子が8個余る。

2.　1袋に5個ずつ入れると，最後の1袋にはお菓子が2個しか入らない。

3.　お菓子の全部の個数をもとめる。

この文章の中で，もとめるものはお菓子の全部の個数です。ですから，解答用紙(あなたの数学ノート)の下の欄に「答え　お菓子の全部の個数〇〇個」とかきます。「もとめるもの」は文章題を解くときの「目標」(ねらい)となります。「目標」をかかないと，たいていの人は「そこ」にたどりつくまえに疲れてしまい，自分がなにをやっているかがわからなくなってしまうからです。もとめるものはお菓子の個数であって，計算の途中にでてくる袋の数ではないことを自分自身にいいきかせる必要があります。

数学で大切なことは，目標にたどりつくまで「わかりきったことだけでうめていく」ということです。箇条書きにかいた１と２は文章題からひっぱりだした条件です。算数，数学というのは，これらの条件から数式をつかった作文をつくることなのです。

さて，問題にとりかかりましょう。袋の個数を■個とすると，お菓子の全部の個数は，4 個ずつ入れるとお菓子が 8 個余るので

4■＋8　[個]

となります。もう 1 つの条件から，5 個ずつ入れると最後の 1 袋にはお菓子が 2 個しか入らないので

5(■－1)＋2　[個]

となります。ここで，最後の 1 袋には 5 個入れることができないという意味を（■－1）がもっていることを理解して下さい。条件１と２より，お菓子の全部の個数は同じですから

4■＋8＝5(■－1)＋2

カッコをはずすと，

4■＋8＝5■－5＋2

整理して

4■＋8＝5■－3

両辺に＋3，－4■をたすと，

11＝■

■＝11

となり，袋の数11がえられたので，お菓子の全部の個数は

4×11＋8＝52　(個)

答え　お菓子の全部の個数　52個

となります。

こうして「わかりきっている数」と「あたりまえのすじがき」で式をならべていって，おわりに「はじめにかいておいた答え」の空白をうめるのが文章題の解き方です。

それでは，つぎの文章題を解釈してみましょう。

> 倉庫に，玉ねぎが4個ずつ入った大きい袋と，3個ずつ入った小さい袋が，あわせて45袋あり，それ以外に袋に入ってない玉ねぎが48個ありました。玉ねぎをすべて袋からとりだし，袋に入っていなかった玉ねぎとあわせて，まず大きい袋に 6 個ずつ入れ，大きい袋がなくなったら，小さい袋に 4 個ずつ入れました。すると，小さい袋だけが 5 袋余りました。倉庫にあった玉ねぎの個数は全部で何個でしょうか。

問題から必要な情報だけを箇条書きにしてみましょう。

1. **4個ずつ入れた大きい袋と，3個ずつ入れた小さい袋があわせて45袋ある。**
2. **それ以外に，袋に入っていない玉ねぎが48個ある。**
3. **玉ねぎを袋からとりだし，袋に入っていなかった玉ねぎとあわせて，まず大きい袋に6個ずつ入れ，大きい袋がなくなったら，小さい袋に4個ずつ入れる。**
4. **その結果，小さい袋だけが5袋余る。**
5. **玉ねぎの全個数をもとめる。**

この文章の中で，もとめるものは玉ねぎの全個数です。ですから，解答用

紙の下の欄に「答え　玉ねぎの全個数　○○個」とかきます。大きい袋の数を■袋，小さい袋の数を▲袋とすると，条件１より

■＋▲＝45　……………　①

となります。玉ねぎの全個数は条件１と２より

4■＋3▲＋48　……………②

となります。同じように，玉ねぎの全個数は条件３と４より

6■＋4(▲－5)　……………③

がなりたちます。③式の第 1 項の 6■の意味は大きい袋に 6 個ずつ入れたときの玉ねぎの個数です。第 2 項の 4(▲－5)は小さい袋に 4 個ずつ入れたとき，小さい袋だけが 5 袋余ったのですから，カッコの中が▲－5 となるわけです。玉ねぎの全個数②式と③式は等しいですから，

4■＋3▲＋48＝6■＋4(▲－5)

カッコをはずすと，

4■＋3▲＋48＝6■＋4▲－20

となります。

　両辺に 20 をたして，4■＋3▲をひくと，

48＋20＝2■＋▲

となり，

2■＋▲＝68　……………④

がなりたちます。①式より，

▲＝45－■

ですから，④式の▲に入れると，

2■＋45－■＝68

となり，

■＝23　[袋]

がえられ，小さい袋の数▲は

▲＝22　[袋]

がえられます。玉ねぎの全個数は②式より

$$4\times23+3\times22+48=206 \quad [個]$$

答え　玉ねぎの全個数　206個

となります。もちろん，玉ねぎの全個数は③式より

$$6\times23+4\times22-20=206 \quad [個]$$

としてももとめられます。このように別の式でたしかめておくと，計算ミスをしている場合に，それに気がつくきっかけとなります。

まだ，文字式のお話をしていないので，大きい袋の数を■袋，小さい袋の数を▲袋として話を進めてきましたが，これを x 袋，y 袋としても，まったく同じように話も計算も進めることができます。それでは，文章題を解釈して，その解釈から方程式をつくり，方程式を解くという話に入りましょう。

1.3　文字の意味

小学校では，1，2，3，…などの整数，$\frac{1}{2}$，$\frac{1}{3}$，$\frac{2}{3}$，…などの分数，2.6，3.5，0.3，…などの小数を学び，高学年になると a，b，c，…や x，y，z，…などの文字をつかった計算(代数)がでてきました。低学年でも

$$25+\square=62$$

という問題がでてきますが，これは□の代わりに，x という文字をつかって

$$25+x=62$$

とかいて，x をもとめさせても，まったく同じことになります。**文字**とは，数を便宜的にアルファベットなどの文字であらわした記号です。

それでは，文字はいかなる意味をもっているのか，説明しましょう。

まず，文字を**一般の定数**としてあつかう場合です。たとえば，1本あたり a 円のボールペンを b 本買ったときに支払う金額を c 円としたとき，a

b，c の間には，つぎのような関係がなりたちます。

$$c = a \times b$$

このときの a，b，c はどのような値でもとることができますが，いちど決めたら，もう変えることのできない定数です。代数式では，通常×の記号が省略されて，たんに $c = ab$ とかきます。

上の式で，$a = 60$，$b = 3$ のとき，支払う金額 c は何円かという問題になると，

$$ab = c$$

$$60 \times 3 = 180$$

a，b に与えられた数値を代入して計算すればよいわけです。ここで，**代入**とは一般の定数を特定の数値でおきかえることを意味します。

あるいは，中学校に行くと，つぎのような公式を習いました。

$$(a+b)^2 = a^2 + 2ab + b^2$$

これは a, b のどのような値に対しても，つねに未来永ごうなりたつという意味で**恒等式**とよばれています。このなかの文字 a, b もやはり一般の定数です。

つぎに，文字を**未知の定数**としてあつかう場合です。たとえば，

$$25 + x = 62$$

という方程式のなかの文字 x にはある決まった定数が入りますが，まだわかっていません。そのため，**未知の定数**と（たんに**未知数**ともいう）よんでいます。文字 x がある値をとるときにだけなりたつ等式を「**方程式**」といい，その未知の定数をさがしだすことが「**方程式を解く**」ことなのです。

もとめられた未知の定数の値

$$x = 37$$

を「**方程式の解**」とよんでいます。

1.4　方程式の変形

(a)　等　式

等式とは，２つの対象(数)の関係が同じである場合にあらわす数式のことです。たとえば，

$$5=5$$

や，文字をつかったものでは，

$$a=b$$

とかきます。この文字の等式のときには，a と b には同じ数が入っていることになります。そのほかにも，長方形の面積を例にとりあげて考えます。横の長さを a，縦の長さを b とします。そして，面積を c とします。すると，つぎの等式がなりたちます。

$$c=ab$$

ここに，a, b は一般の定数ですから，どのような数や値をあてはめてもかまいません。

ところで，$a=b$ という式は，なにを意味しているのでしょうか。「a は b になる」は正しいようにみえますが，a という状態が「過去」で，b という状態が「現在」という感じがします。そのように「＝」を理解していると，小学校の高学年になると，文章題が解けなくなってしまいます。そこで，

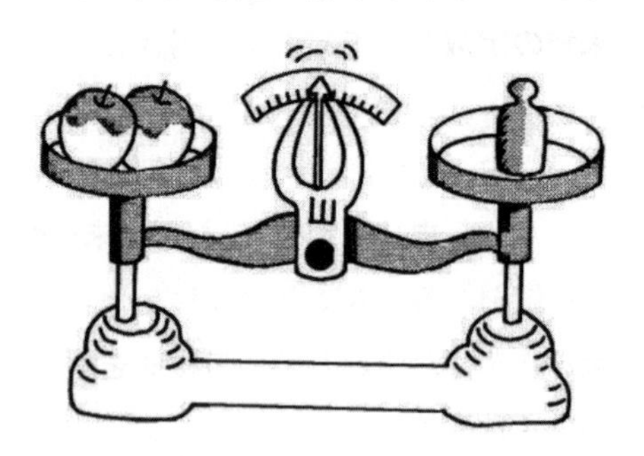

りんごと 200g の分銅がつりあっている

等　式

今日からは左側と右側とがつりあっているときに「＝」という記号をつかうと考えることにしましょう。

等式の四則演算には，つぎのような原理があります。

等式の両辺に同じ数をたしても，ひいても，かけても，わっても，等式は成り立つ

いま，a，b，c を任意の（勝手な）定数として，$a=b$ であるときには

1. $a+c=b+c$
2. $a-c=b-c$
3. $ac=bc$
4. $\dfrac{a}{c}=\dfrac{b}{c}$

となります。これらの 4 つの等式は両辺が**定義できるかぎりにおいて**なりたちます。とくに，

$$a=b\pm c$$

は**複合同順**（＋は＋，－は－に対応）

$$a-(\pm c)=b$$

と同値（同じ意味）です。これは右辺にある c を，符号をかえて左辺に移す操作にみえることから，この「入れかえること」を**移項**とよんでいます。

(b)　移　項

移項とは，方程式のある項を左辺から右辺へ，または右辺から左辺へ移動させる計算をいいます。移項を行うことにより，方程式をかんたんにすることができます。

たとえば，方程式

$$5x+10=3x+16$$

を考えることにします。定数項を右辺に集めるために，左辺の 10 を右辺に移項させます。それには，両辺から 10 をひきます。すると，

$$5x+10-10=3x+16-10$$

$$5x=3x+6$$

と計算することができます。このように左辺の 10 を右辺に移項させたときに，符号が変化します。さらに，右辺の $3x$ を左辺に移項することを考えます。それには，両辺から $3x$ をひきます。したがって，

$$5x-3x=3x+6-3x$$

$$(5-3)x=6$$

$$2x=6$$

となります。中間の $5x-3x=2x$ の操作を，**同類項をまとめる**といいます。最後に，両辺を 2 でわると，方程式の解は

$$x=3$$

となります。

もうひとつの方程式

$$2x+9=5x+21$$

を考えてみましょう。左辺の 9 を右辺に移項し，右辺の $5x$ を左辺に移項すると，

$$-3x=12$$

と方程式をかんたんにすることができます。そして，両辺を-3でわると

$$x=-4$$

と答えがもとまります。このように，等式の四則演算をもちいて方程式をできるだけかんたんな方程式に変形し，方程式を解きます。

さて，「袋の中に，3 個のボールが入っていたとします。そして，袋の中に x 個のボールを入れたとき，袋の中のボールが 10 個になりました。袋の中に入れたボールの数 x はいくらですか」という問題で，3 個のボールに x 個のボールをたしたら，10 個になったという文章題を

$$3+x=10$$

という方程式にかきなおしても，中身にかわりはありません。このままで

はxがもとめられないので，左辺の第一項の3を右辺に移項すると，

$$x=10-3=7$$

と変形して，答えがもとめられます。

(c)　同値変形

さらに複雑な方程式であっても，かんたんな方程式$x=7$にみちびくまでは，すでに認められたさまざまな性質や約束をつかっているのですが，これを**同値変形**とよんでいます。方程式を解くという作業は，決められた約束をまもって，もっともかんたんな式に同値変形することであるということができます。

1.5　代数の文法

(a)　たし算の交換法則

代数は文字をつかった数一般を意味していますから，演算を行う上で，英語を習ったときの文法と同じような約束があります。それはとてもかんたんなものです。いままでの話のなかでも，意識しないでつかっていました。

まず，はじめにでてくる文法は**たし算の交換法則**です。それは二つの数a,bをたすとき，たす順序をかえても，答えは同じになるということです。つまり，つぎの式

$$a+b=b+a$$

でかきあらわすことができます。

(b)　かけ算の交換法則

同じことが，かけ算についてもいえます。二つの数をかける順序をかえても，答えは同じになるということです。

$$ab=ba$$

これが**かけ算の交換法則**です。

そんなことはあたりまえという人がいるかも知れませんが，この交換法則も私たちの日常の行動に照らしてみると，かならずしもあたりまえでは

ないのです。たとえば，医者から「このお薬はかならず食後30分後に服用して下さい」といわれたとき，「薬をのむ」という行動と「食事をする」という行動を交換してはなんの効果もありません。そのような視点からみると，私たちの行動の多くが交換可能ではないということになります。

(c)　結合法則

たし算やかけ算という手続き（または操作）について，どちらから先にやっても結果として同じになるというのが，**結合法則**です。これを式でかくと，

$$(a+b)+c=a+(b+c)$$

$$(ab)\,c=a\,(bc)$$

となり，上の式が**たし算の結合法則**であり，下の式が**かけ算の結合法則**です。

私たちはこの法則を無意識につかって暗算していたのです。たとえば，

$$\begin{aligned} 7+6 &= 7+(3+3) \\ &= (7+3)+3 \\ &= 10+3 \\ &= 13 \end{aligned}$$

結合法則

となります。頭の中で7になにをたしたら10になるかを考えて，無意識に結合法則をつかっているのに気がつきます。

また，かけ算においても

$$\begin{aligned} 6\times 50 &= 6\times(5\times 10) \\ &= (6\times 5)\times 10 \\ &= 30\times 10 \\ &= 300 \end{aligned}$$

結合法則

となり，途中において結合法則をつかっているのに気がつきます。

(d)　分配法則

最後に，分配法則というのがあって，たし算とかけ算の間の関係をあらわしています。たとえば，4人家族のお母さんが買いものに行って，1切れ

250円のブリの切り身を4切れ，1個180円のリンゴを4個買ったとします。そのとき，ブリの切り身とリンゴを別々に計算する方法では，

$$250 \times 4 = 1000$$

$$180 \times 4 = 720$$

$$合計\ 1000 + 720 = 1720\ 円$$

となります。もうひとつの方法

1人分・・・・・・・・・・・・・250＋180＝430

4人分の合計・・・・・・・・・430×4＝1720 円

となります。結局，

$$(250 + 180) \times 4 = 250 \times 4 + 180 \times 4$$

となり，同じ結果になります。代数でかけば

$$(a + b)\ c = ac + bc$$

となり，これを**分配法則**とよんでいます。

以上のべた代数の文法をまとめておきましょう。

表1-1　代数の文法

	たし算	かけ算
交換法則	$a+b=b+a$	$ab=ba$
結合法則	$(a+b)\ +c=a+(b+c)$	$(ab)c=a(bc)$
分配法則	$(a+b)c=ac+bc$	

1.6　方程式の利用

それでは，文字式をつかって，方程式を解く文章題をさらにくわしくみてみましょう。

> 野外活動の宿舎で，生徒を1部屋に4人ずつ入れると5人余って全員は入れず，5人ずつ入れると，4人の部屋が1部屋でき，さらに2部屋が余ります。生徒の人数をもとめなさい。

この文章題を解釈するために，問題から必要な情報だけを箇条書きにしてみましょう。

1. **生徒を1部屋に4人ずつ入れると，5人余る。**
2. **生徒を1部屋に5人ずつ入れると，4人の部屋が1部屋，さらに2部屋が余る。**
3. **生徒の人数をもとめる。**

この問題文でわからないものは何かを考えると，生徒の数と部屋の数があります。部屋の数はもとめるものではありませんが，これを x として話を進めます。条件1と2は，生徒の数は同じですから，等しい関係がなりたちます。

条件1の式は4人ずつ部屋の数 x に入れたときの生徒の数と余りの5人をたした数を意味し，条件2の式は5人ずつ入れると，4人の部屋が1部屋と0人の部屋が2部屋でてきます。つまり，条件2は5人ずつ入れない部屋の数が3部屋でてくることを意味します。つくった方程式を解くことにしましょう。

$$4x+5=5(x-3)+4$$

カッコをひらくと

$$4x+5=5x-15+4$$

となり，

$$4x+5=5x-11$$

移項すると，

$$5+11=5x-4x$$

となり，

$$x=16$$

部屋の数は16であることがわかりましたが,問題でもとめるのは生徒の数ですから，条件1より

$$4x+5=4\times16+5$$
$$=69$$

また，条件2より

$$5(x-3)+4=5(16-3)+4$$
$$=5\times13+4$$
$$=69$$

答え　生徒の数　69人

となり，生徒の数は69人となり，等式はなりたち，答えが正しいことがたしかめられました。

つぎに，同じような手順で，つぎの文章題を考えてみましょう。

> 池のまわりに1周3300mの遊歩道があります。この遊歩道のP地点に太郎君と次郎君がいます。太郎君が毎分60mの速さで歩きはじめてから10分後に，次郎君が太郎君と反対回りに歩きはじめた。次郎君が歩きはじめてから20分後に2人ははじめて出あいました。このとき，次郎君の歩く速さは毎分何mでしょうか。

問題から必要な情報をぬきだして箇条書きにすると,

1. **遊歩道の1周は3300 mである。**
2. **太郎君が毎分60 mの速さで歩きはじめてから10分後に，次郎君が反対回りに歩きはじめた。**
3. **次郎君が歩きはじめてから，20分後にはじめて出あった。**
4. **次郎君の歩く速さは毎分何mか。**

「次郎君の歩く速さ」をもとめるのですから，これを毎分x mとおくことにしましょう。問題文を読んで等しい関係をみつけるために，速さ，時

間，道のり(距離)を図にかいて整理しましょう。

条件文より，太郎君と次郎君の歩いた道のりは遊歩道1周分になることを等しい関係式であらわすことにしましょう。次郎君は20分しか歩いていませんが，太郎君は30分も歩いているので

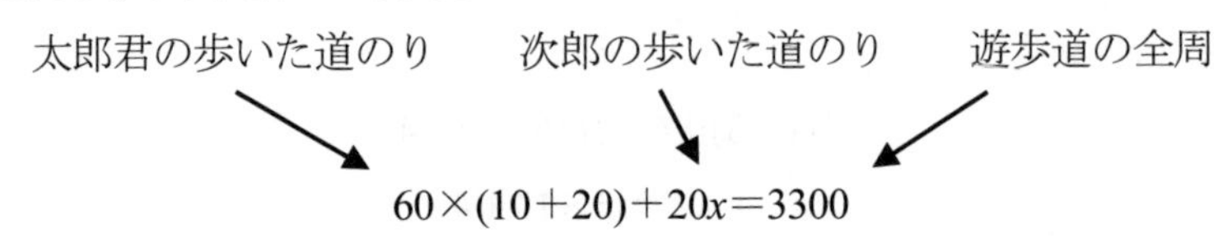

$$60\times(10+20)+20x=3300$$

がなりたちます。方程式を整理すると，

$$1800+20x=3300$$

となり，定数項を右辺に移項すると

$$20x=3300-1800=1500$$

となり，両辺を20でわると

$$x=75$$

答え　次郎君の歩く速さ　毎分75m

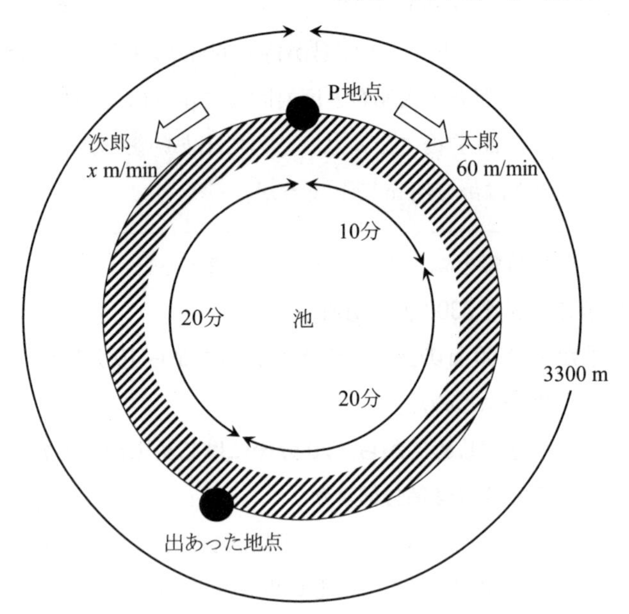

となります。太郎君が歩きはじめて 10 分たつと，道のりは 60×10＝600 m だけ進んでいますから，残り道のり 3300－600＝2700 m を太郎君と次郎君が反対方向にすすんでいることになります。太郎君と次郎君が出あうまでにかかる時間は

$$2700 \div (60+75) = 20 \quad (\text{分})$$

となり，答えは正しいことがわかります。

方程式をもちいた文章題では，わからない値やもとめたい値（**未知数**という）を x とおきました。さらに，方程式をいくつかくみあわせた方程式を**連立方程式**といって，x, y といった 2 つの値をもとめることができます。

つぎのような文章題を考えてみましょう。

> ある店で，A さんと B さんはりんごとみかんを買いました。A さんはりんご 3 個とみかん 9 個，B さんはりんご 5 個とみかん 6 個を買って，ともに 1080 円支払いました。りんご 1 個とみかん 1 個の値段をそれぞれもとめて下さい。

問題から必要な情報だけをぬきだして箇条書きにしてみましょう。

1. **A さんはりんご 3 個とみかん 9 個を買った。**
2. **B さんはりんご 5 個とみかん 6 個を買った。**
3. **A さんも B さんもともに 1080 円支払った。**
4. **りんご 1 個とみかん 1 個の値段をもとめる。**

りんご 1 個とみかん 1 個の値段をそれぞれ x 円，y 円とすると，条件 1 と 3 より，A さんの支払った代金が 1080 円ですから

$$3x + 9y = 1080 \quad \cdots\cdots\cdots\cdots\cdots ①$$

となります。条件 2 と 3 より，B さんの支払った代金が 1080 円ですから

$$5x + 6y = 1080 \quad \cdots\cdots\cdots\cdots\cdots ②$$

となります。①式と②式はともに右辺が同じ値ですから，等しくおくと

$$3x+9y=5x+6y$$

となり，移項して左辺に y の項，右辺に x の項(同類項という)を集めると，

$$3y=2x \quad \cdots\cdots\cdots\cdots\cdots ③$$

がえられます。さらに，①式を３でわると

$$x+3y=360 \quad \cdots\cdots\cdots\cdots\cdots ④$$

となります。

この文章題からえられる連立方程式は

$$\left.\begin{aligned} 2x&=3y \\ x+3y&=360 \end{aligned}\right\}$$

です。

このようにいくつかの未知数があって，いくつかの方程式をくみあわせた方程式のことを**連立方程式**とよんでいます。では，この連立方程式の解き方を説明しましょう。連立方程式を解く方法としては，加減法と代入法の２通りの考え方があります。

加減法は，連立方程式のある項に着目して，その文字についている数(係数)を同じ値にして，連立方程式をたし算またはひき算することにより，未知数をひとつ消去して解く方法です。一方，**代入法**は，一方の数式からある文字に着目して，式をまとめます。それから，もう一方の数式に，えられた式を代入することにより，未知数をひとつ消去することで解くことができます。計算の仕方にちがいがありますが，どちらの方法も未知数をひとつ消去することにかわりはありません。では，上の例題を解くことにしましょう。

(1)　加減法

ある項に着目して，その項を同じにするために，両辺に同じ数をかけます。たとえば，

$$\left.\begin{aligned} 2x&=3y \quad \cdots\cdots\cdots\cdots\cdots\cdots\cdots ① \\ x+3y&=360 \quad \cdots\cdots\cdots\cdots\cdots ② \end{aligned}\right\}$$

の場合には，x の項に着目します。①式では $2x$ なので，②式の x の項をあわせるために，②の両辺を 2 倍して

$$2x+6y=720 \quad \cdots\cdots\cdots\cdots\cdots③$$

とします。そして，②式を変形した③式と①式のひき算をおこないます。

$$\begin{array}{rl} 2x+6y=720 & \cdots\cdots\cdots\cdots\cdots③ \\ -)\ \ 2x-3y=0 & \cdots\cdots\cdots\cdots\cdots\cdots① \\ \hline 9y=720 & \end{array}$$

となります。両辺を 9 でわって，$y=80$ ともとめることができます。そして，①式の y に代入すると，

$$2x=3y=3\times80=240$$

となり，両辺を 2 でわると

$$x=120$$

ともとめることができます。

　したがって，連立方程式の解は

$$x=120\ (円),\ y=80\ (円)$$

となります。ここで，加減法を説明するために，②式の両辺を 2 倍して，x の項を消しましたが，そう明なるみなさんはお気づきでしょう。①式と②式をみると，すでに y の項が $3y$ と同じになっています。

$$\left.\begin{array}{rl} 2x-3y=0 & \cdots\cdots\cdots\cdots\cdots\cdots① \\ x+3y=360 & \cdots\cdots\cdots\cdots\cdots② \end{array}\right\}$$

ですから，①式と②式のたし算をおこないます。

$$3x=360$$

となり，両辺を 3 でわると

$$x=120$$

ともとめることができます。

(2)　代入法

連立方程式のどちらかの式を変形して，$x=\cdots$ または $y=\cdots$ の形にします。そして，もう一方の式の変数 x または y に代入すると，1 つの変数を消去することができ，方程式を解く問題に変形できます。

たとえば，

$$\left.\begin{array}{ll} 2x=3y & \cdots\cdots\cdots\cdots\cdots\cdots\cdots\text{①} \\ x+3y=360 & \cdots\cdots\cdots\cdots\cdots\text{②} \end{array}\right\}$$

の場合には，②式の x の項に着目します。②式より x の項をかきだすと，

$$x=360-3y$$

となります。これを①式に代入すると，

$$2(360-3y)=3y$$
$$720-6y=3y$$
$$720=9y$$

となります。両辺を 9 でわると

$$y=80$$

ともとめることができます。そして，①式の y に代入すると，

$$x=120$$

ともとめることができます。もちろん，前と同じ結果となります。前と同じ結果にならなければ，あなたが計算ちがいをしたか，問題に不備があったことになります。その昔，なにごとも無責任な筆者らは，即座に「問題の不備」をいいだして，まわりの人からひんしゅくを買ったものです。結局，答えは

答え　りんご 1 個の値段 120 円，みかん 1 個の値段 80 円

となります。

つづいて，つぎのような文章題を考えてみましょう。

正雄さんは，スタート地点から A 地点，B 地点を経てゴール地点まで，全長 3 km のコースを走りました。スタート地点から A 地点まで毎分 150 m の速さで 8 分間走り，A 地点から B 地点まで毎分 120 m の速さで走りました。そして，B 地点からゴール地点まで毎分 180 m の速さで走り，スタート地点からゴール地点まで 22 分かかりました。A 地点から B 地点までの道のりと，B 地点からゴール地点までの道のりをそれぞれもとめなさい。

問題から必要な情報をぬきだして箇条書きにすると

1. **スタート地点からゴール地点までの道のりは 3 km である。**
2. **スタート地点から A 地点まで毎分 150 m の速さで 8 分間走った。**
3. **A 地点から B 地点まで毎分 120 m の速さで走った。**
4. **B 地点からゴール地点まで毎分 180 m の速さで走った。**
5. **スタート地点からゴール地点までの到達時間は 22 分である。**
6. **A 地点から B 地点までの道のりと，B 地点からゴール地点までの道のりをそれぞれもとめる。**

A 地点から B 地点までの道のりを x m，B 地点からゴール地点までの道のりを y m とおくことにしましょう。上にしめした条件文から等しい関係をみつけるために，速さ，時間，道のり（距離）を図にかいて整理しましょう。

条件１，２より，道のり（距離）について

$$150\times 8+x+y=3000 \quad \cdots\cdots\cdots\cdots\cdots ①$$

がなりたち，条件２，３，４，５より，時間について

$$8+\frac{x}{120}+\frac{y}{180}=22 \quad \cdots\cdots\cdots\cdots\cdots ②$$

がなりたちます。ここで，道のり（m）を速さ（m/min）でわった値が時間です

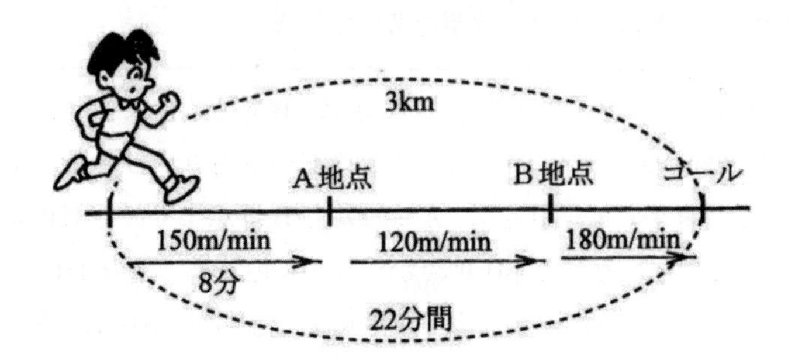

から，

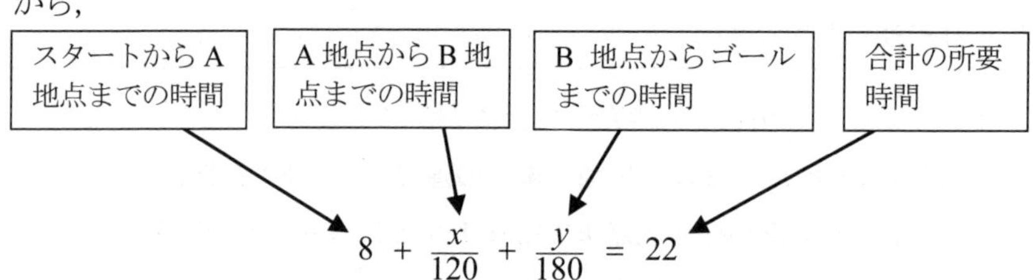

$$8 + \frac{x}{120} + \frac{y}{180} = 22$$

がなりたちます。

①式より定数項を移項すると，

$$x+y=1800 \quad \cdots\cdots\cdots\cdots\cdots ③$$

となり，②式より定数項を移項すると，

$$\frac{x}{120}+\frac{y}{180}=14$$

となり，両辺に分母 120，180 の最小公倍数 360 をかけると

$$3x+2y=5040 \quad \cdots\cdots\cdots\cdots\cdots ④$$

がえられます。この文章題からえられる連立方程式は

$$\left.\begin{array}{ll} x+\ y=1800 & \cdots\cdots\cdots\cdots\cdots ③ \\ 3x+2y=5040 & \cdots\cdots\cdots\cdots\cdots ④ \end{array}\right\}$$

となります。

(1) 加減法

y の項に着目して，③式を 2 倍して，④式からひくと

$$
\begin{array}{rl}
 & 3x+2y=5040 \quad \cdots\cdots\cdots\cdots\cdots④ \\
-) & 2x+2y=3600 \quad \cdots\cdots\cdots\cdots\cdots③ \\
\hline
 & x=5040-3600 \\
 & \ \ =1440
\end{array}
$$

となり，$x=1440$ を③式に代入すると，

$$
\begin{aligned}
y&=1800-x\\
&=1800-1440\\
&=360
\end{aligned}
$$

がもとまります。

(2) 代入法

③式より

$$y=1800-x$$

がえられ，これを④式に代入すると

$$3x+2(1800-x)=5040$$

となり，カッコをはずすと

$$
\begin{aligned}
3x+3600-2x&=5040\\
x&=5040-3600\\
&=1440
\end{aligned}
$$

となり，③式に代入すると

$$
\begin{aligned}
y&=1800-x\\
&=1800-1440\\
&=360
\end{aligned}
$$

答え　A 地点から B 地点までの道のり　1440 m
B 地点からゴール地点までの道のり　360 m

$x=1440$，$y=360$ を①式，②式に代入すると，

$$1200+1440+360=3000$$

$$8+\frac{1440}{120}+\frac{360}{180}=22$$

となり，答えは正しいことがわかります。このように答えに確信がもてることは，数学の楽しさでもあります。

数学の世界では，どうしてそのような考え方に到達したのかという厳密さが必要です。りんご１個が 120 円で，みかん１個が 80 円がたしからしいでは数学にはならないのです。たとえば，古代エジプトでは，すでにピラミッドの建設やナイルの洪水のあとの農地の測量で，図形に関する知識はかなり発達していました。しかし，それはまだ図形上の知識であって，幾何学にはなっていませんでした。幾何学は古代ギリシャ時代になって生みだされたのです。

現実の問題において，研究（仕事）を進めていくためには，問題点を明らかにして，その問題点の基本となる部分をぬきだして，問題をつくることが重要となります。そして，その問題に対する方程式をたて，その方程式を解いていきます。もちろん，その問題の答えがあるのかどうかも知られていないのです。

大切なのは答えのない問題に対して，新しい発想によって方程式をたてなおし，その方程式を解いて答えをみいだしていくのです。そのために，数学の基礎的知識が役にたちます。

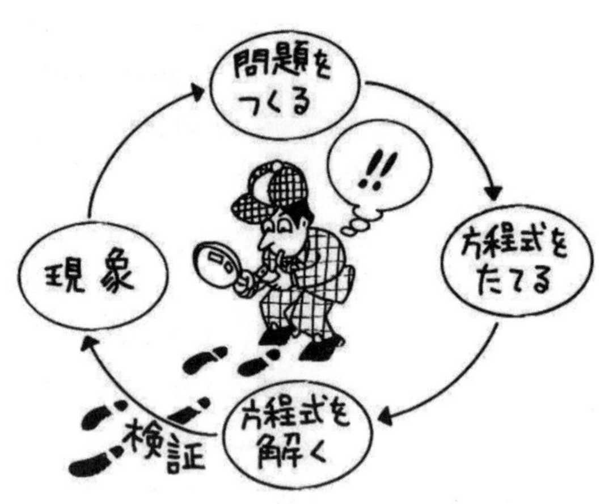

研究とは

1.7　変数と関数

これまで，文字は一般の定数として，または未知の定数としての意味をもっていましたが，さらに進んで，動いたり，変化したりする**変数**としての意味をもっています。たとえば，x という文字は 1 になったり，2 になったり，5 になったり変化する数を意味しています。つまり，x という文字は数直線の上を自由に動きまわることができる数(実数)なのです。

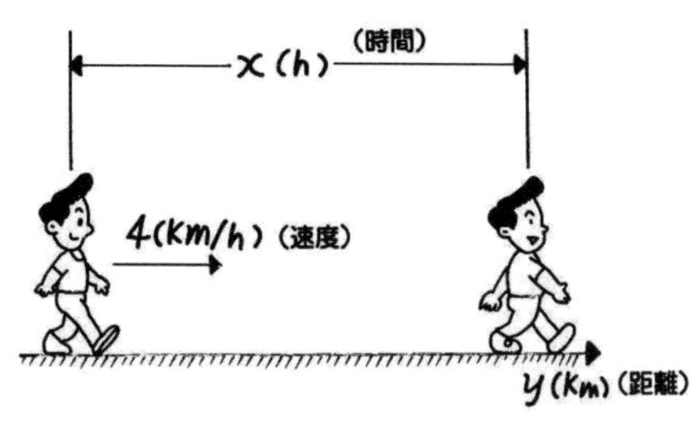

距離・速度・時間

ここで，人が歩いた距離(道のりともよぶ)，そのときの速度と時間の関係について考えてみましょう。

人が速度 4 km/h で歩いているとします。そして，3 時間歩いたときの距離を考えます。4 km/h の速度で進んで，それが 3 時間だったということから，歩いた距離は

$$4\ [\mathrm{km/h}] \times 3\ [\mathrm{h}] = 12\ [\mathrm{km}]$$

と 3 時間で 12 km 歩いたということがわかります。では，ここで x 時間歩いたと考えることにしましょう。すると，x 時間に歩いた距離 y [m]は

$$y = 4\ [\mathrm{km/h}] \times x\ [\mathrm{h}] = 4x\ [\mathrm{km}]$$

となることがわかります。このように，量であらわされている原因(ここでは歩いた時間)から，量であらわされた結果(歩いた距離)をもとめます。このような関係は**量的因果法則**とよばれています。この量的因果法則を数学

的にあらわしたものを**関数**といいます。

この例題の場合には，関数は $4x$ となり，x に時間が入り，4 をかけると，結果となる歩いた距離 y がわかります。歩いた時間 x がわかれば，どれだけの距離を歩いたのかを知ることができます。

ここで，関数 $4x$ はつぎのように考えることができます。絵にしめすように原因となる x（関数の**入力**）が入ってきて，結果となる y（関数の**出力**）がでてくる。この部分を**関数**とよぶのです。

関数とは，一般に，

$$y=f(x)$$

とかきあらわします。前の人が歩いた距離の例題では，関数 $f(x)$ とは $4x$ という計算の決まりをさしています。カッコの中身が入力となる x をいれて，この x に応じて，出力 $f(x)$ がでてきて，まとめて y としています。

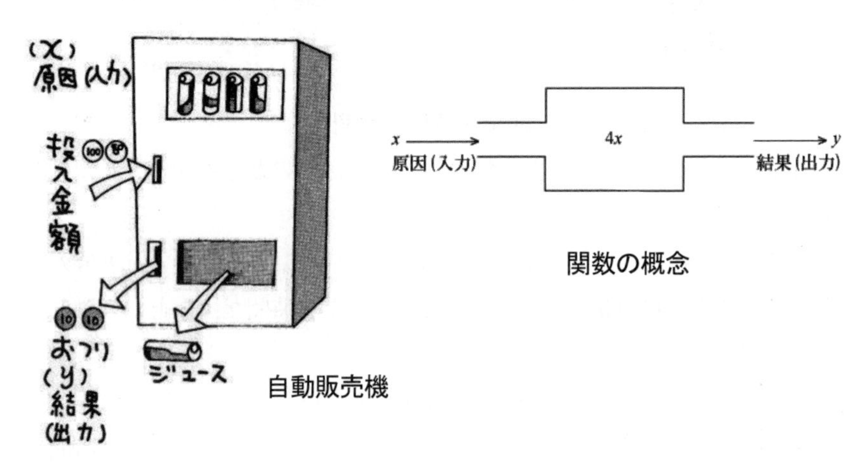

自動販売機

関数の概念

1.8　1次関数

さきほどの例題において，$y=4x$ という関数を考えました。この関数において，x が 1 のとき，y は 4 になります。つぎに，x を 1 から 2 に 2 倍します。すると，y は 4 から 8 と 2 倍になります。同様に，x を 1 から 3 に 3

倍すると，yは4から12へと3倍になります。このように，xを何倍かしたときに，yの値も同じ分だけ倍になる関係であることがわかります(表1-2)。

このような関係を**比例関係**とよんでいます。この関係をグラフにしめすと，図1-1のようになります。ある関数の変化する様子を一目でみえるようにする目的のために，グラフという手段が利用されました。歴史的にはすばらしい発見といえます。

この関数$y=4x$において「4」は**傾き**とよばれています。xだけが1大きくなったときにyがいくつ大きくなるかをあらわすものです。そして，この傾きは入力と出力の比をあらわしたものです[注]。このように，入力と出力の関係が比例関係である関数は**1次関数**とよばれる関数の中で特別な場

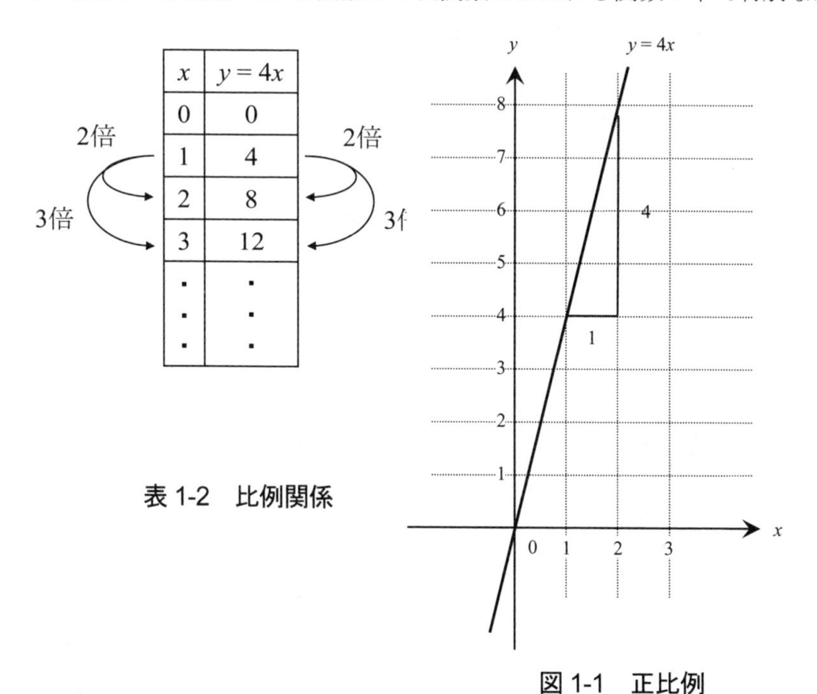

x	$y = 4x$
0	0
1	4
2	8
3	12
・ ・ ・	・ ・ ・

表 1-2　比例関係

図 1-1　正比例

[注] アンプの増幅度のような意味です。

合です。

では，1次関数の一般形とは，どのようなものなのでしょうか。そこで，バネの長さについての例で考えてみましょう。

はじめに，バネの長さを y とします。もともとのバネの長さが b であるとき，$y=b$ となります。このバネにおもり x をのせた場合を考えます。このとき，おもり x をのせたことにより，バネが ax だけのびたとします。したがって，合計のバネの長さ y は

$$y = ax + b$$

となります。

このように，x に比例する項 ax と定数の項 b からつくられている関数を1次関数の一般形とよんでいます。ここで，a は**傾き**，b は**切片**（せっぺん）といいます。切片 b とは x が0のときの y の値をあらわし，おもり x をのせていないときのバネの長さになります。

具体的に数値例をもとに，そのグラフをかきたいと思います。おもり x が1だけ増えたときにバネの長さが1のびるとします。すなわち，$a=1$ となります。そして，おもりがないときのバネの長さを2とします。すなわち，$b=2$ です。グラフにかくと，1次関数は図1-2のようになります。

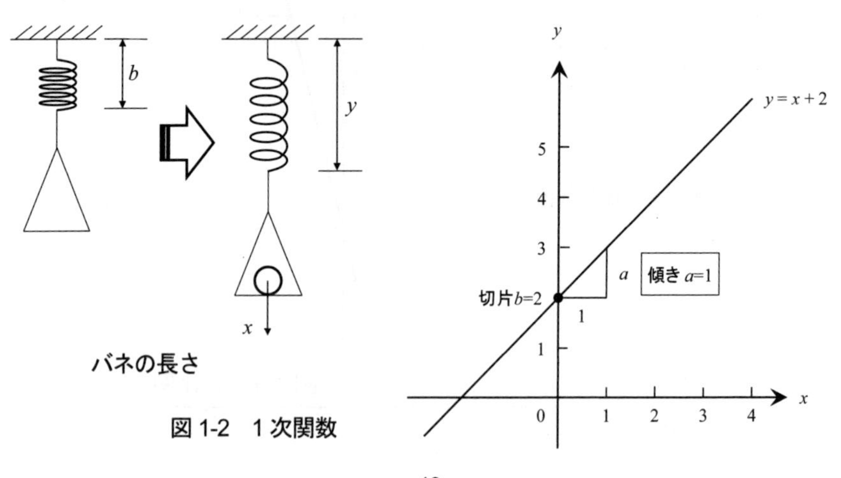

図1-2　1次関数

つぎのような文章題を考えてみましょう。

バネにおもりをつるすと，バネののびる長さは，おもりの質量に比例します。おもりをつるさないときのA，Bのバネの長さは，Aは20cm，Bは15cmです。それぞれ1kgのおもりをつるすと，Aは2cm，Bは3cmのびます。AのバネとBのバネに，それぞれ同じ質量のおもりをつるしたとき，バネの長さが同じになるのはおもりの質量が何kgのときですか。グラフをかいてもとめなさい。

おもりの質量が x kgのときのバネの長さが y cmとします。条件をぬきだして箇条書きにすると，

1. x = 0のとき，Aは20cm，Bは15cmである。

2. 1 kgのおもりをつるすと，Aは2cm，Bは3cmのびる。

条件 1，2 から切片と傾きがわかるから，バネの長さ y は

$$y=2x+20$$

$$y=3x+15$$

となります。グラフにかくと，図のようになり，バネの長さ y が同じになるのは，

$$2x+20=3x+15$$

この方程式を解くと，

$$x=5$$

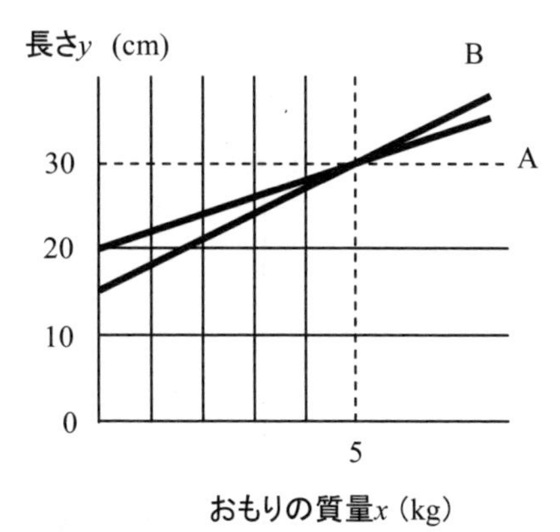

答え　5 kg

となります。

いままでのべてきたように，連立方程式の解とは，二つの方程式を満たすひとつの点をさがしているということがわかると思います。

つぎに，グラフをもちいて方程式を解く文書題を考えてみましょう。

A 君の家から博物館までの道の途中に郵便局があります。A 君は家を出発し，毎分 60 m の速さで 18 分間歩いた後，毎分 180 m の速さで 9 分間走って博物館に到着しました。次ページの図は，A 君が家を出発してから x 分後の A 君がいる地点と家との間の道のりを y m として，x と y の関係をグラフであらわしたものです。

(1)　$x=18$ のときの y の値をもとめなさい。また，$18 \leqq x \leqq 27$ のときの y を x の式であらわしなさい。

(2)　A 君の妹は，A 君が出発してから 17 分後に自転車で家を出発し，A 君と同じ道を通り，一定の速さで博物館に向かいました。妹は A 君が郵便局の前を通過してから 2 分後に郵便局の前を通過し，A 君と同時に博物館に到着しました。家から郵便局の前までの道のり(m)をもとめなさい。

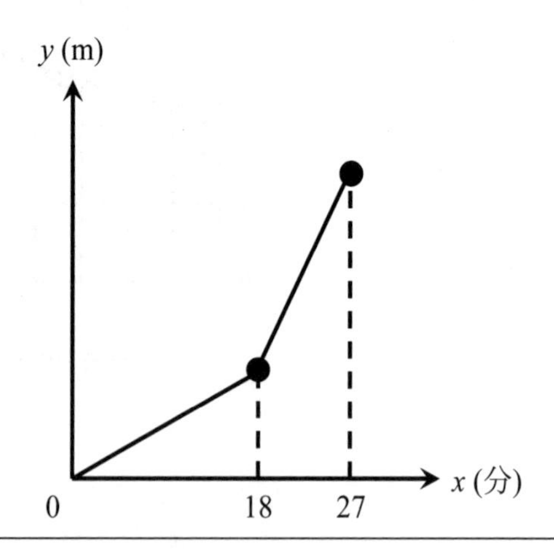

問題とグラフから必要な情報だけを箇条書きにしてみましょう。

1. A 君の家から博物館までの道の途中に郵便局がある。
2. A 君は家を出発し，毎分 60 m の速さで 18 分間歩いた。

3. その後，毎分 180 m の速さで 9 分間走って，博物館に到着した。
4. $x=18$ の時の y の値を求める。
5. $18 \leqq x \leqq 27$ のときの y を x の式であらわす。
6. A 君の妹は,A 君が家を出発してから 17 分後に自転車で家を出発し，A 君と同じ道を通り，一定の速さで博物館に向かった。
7. 妹は A 君が郵便局の前を通過してから 2 分後に郵便局の前を通過し，A 君と同時に博物館に到着した。
8. 家から郵便局の前までの道のりをもとめる。

(1) A 君の家を出発してから 18 分間は毎分 60 m の速さで歩いたのですから，道のり y は，$x=18$ のとき

$$y=60\times18=1080\ [\mathrm{m}]$$

$18 \leqq x \leqq 27$ のとき，x が 18 分を過ぎると，毎分 180 m の速さで走るのですから,

$$y=180x+b$$

とすると，$x=18$ のとき，$y=1080$ ですから

$$1080=180\times18+b$$

よって,

$$b=-2160$$

となり,

$$y=180x-2160$$

答え $y=1080$，$y=180x-2160$

(2)　　x と y のグラフ上のどこに郵便局があるのかがわからないことが問題なのです。家から博物館までの道のりは

$$60\times18+180\times9=1080+1620$$
$$=2700\ [\mathrm{m}]$$

となります。妹は家を出発してから博物館に到着するまでに，10 分間

で 2700 m 走るから，妹の分速は

$$\frac{2700\,[\mathrm{m}]}{10\,[分]} = 270\,[\mathrm{m}/分]$$

となります。

A 君が家を出発してから，t 分あとに郵便局の前を通過したとします。t(時間)が $0 \leqq t < 18$ なのか $18 \leqq t \leqq 27$ のどちらに存在するのかがわかりません。そこで，その二つの場合を考えることにします。

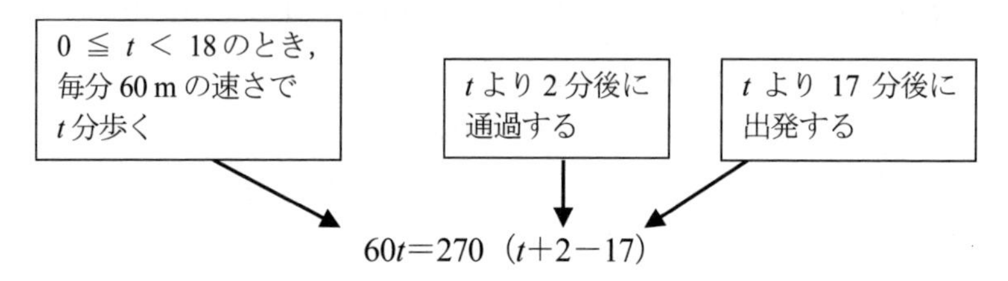

$$60t=270\ (t+2-17)$$

となり，これを解くと，

$$60t=270t-4050$$

$$210t=4050$$

$$t=\frac{4050}{210}=\frac{135}{7}\fallingdotseq 19.3$$

となり，これは $0 \leqq t < 18$ を満たさないので，この区間には郵便局は存在しません。

つぎに，$18 \leqq t \leqq 27$ のとき，

(1)の結果

$$180t-2160=270\ (t+2-17)$$

$$1890=90t$$

$$t=21$$

となり，これは $18 \leqq t \leqq 27$ を満たしているので，この区間に郵便局は

存在します。よって，郵便局の前までの道のりは

$$y=270\ (21+2-17)$$
$$=1620$$

答え 1620 [m]

となります。

$y=ax+b$ を 1 次関数とよんでいると紹介しましたが，1 次関数とよばれるには理由があります。それは，x の次数が 1 であるということです。勉強をすすめると指数というものがでてきますが，1 次関数はこの指数をつかい，ていねいに書くと

$$y=ax^1+b$$

となります。この x の肩(かた)にのっている 1 が指数で，x の**次数**とよばれています。

次数はかけあわせた文字の個数といえます。x の次数が 1 のときに 1 次関数とよばれています。この指数が 2 の場合には，なんとよばれるのでしょうか。もうお気づきだと思いますが，2 次関数とよばれています。

複数の人や乗り物があり，それらがすれちがう地点や時刻をもとめる問題では，それぞれの速さを傾きとして時間と距離の関係をグラフであらわし，交点の座標をもとめることがあります。

つぎの問題を解いてみましょう。

下の図は，12 km 離れた A 駅と B 駅の間を往復する 2 台のバスの運行のようすをあらわしたグラフです。1 台は9時ちょうどにA駅を出発，もう 1 台は 9 時 10 分に B 駅を出発し，どちらも A 駅と B 駅の間を 20 分間で走り，A 駅と B 駅でそれぞれ 10 分間停車します。

2 台のバスが出発してからはじめてすれちがう時刻と，はじめてすれちがう地点と A 駅の間の道のりをもとめなさい。

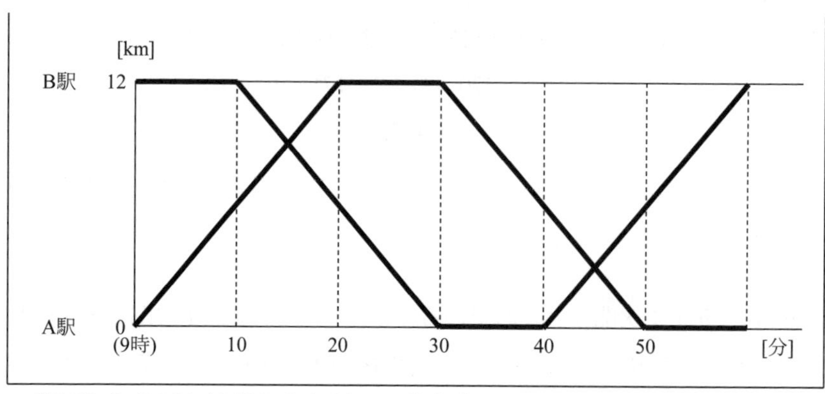

問題から必要な情報をぬきだして箇条書きにしてみましょう。

1. 12 km 離れた A 駅と B 駅の間を往復する 2 台のバスがある。
2. 1 台は 9 時ちょうどに A 駅を出発，もう 1 台は 9 時 10 分に B 駅を出発し，どちらも A 駅と B 駅の間を 20 分間走り，A 駅と B 駅でそれぞれ 10 分間停車する。
3. 2 台のバスが出発してから，はじめてすれちがう時刻と，はじめてすれちがう地点と A 駅の間の道のりをもとめる。

2 台のバスの運行のようすをあらわしたグラフがしめされていますが，このグラフが問題からの必要な情報をきちんと含んでいるので，それが理解できれば，箇条書きにする作業は必要なくなります。

下の図のように，バスが 9 時に A 駅を出発してから x 分後の 2 台のバス

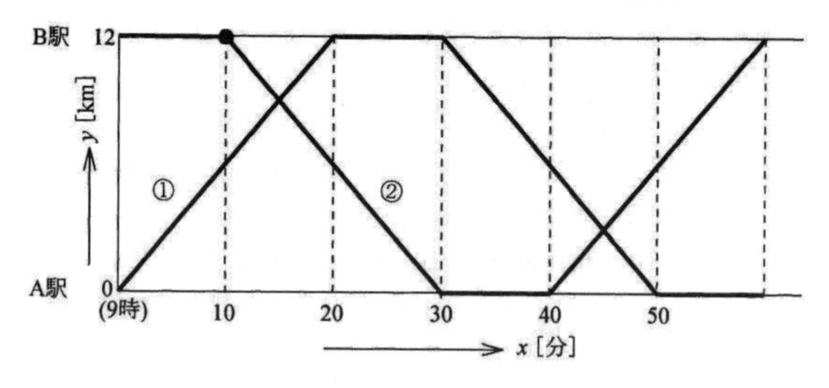

が走っている地点とA駅の間の道のりをy kmとして，xとyの関係をグラフであらわし，直線①，②の式をもとめてみましょう。

①は傾き$\frac{12\,[\text{km}]}{20\,[\text{分}]}=\frac{3}{5}$で，原点を通るから，切片は0となり

$$y=\frac{3}{5}x \qquad \cdots①$$

となり，②の傾き$-\frac{12}{20}=-\frac{3}{5}$で，点(10，12)を通るから注)

$$y-12=-\frac{3}{5}(x-10)$$

$$y-12=-\frac{3}{5}x+6$$

$$y=-\frac{3}{5}x+18 \qquad \cdots②$$

ここで傾きがマイナスになるのは，xが増えるのにyが減っているから

$$\frac{0-12\,[\text{km}]}{30-10\,[\text{分}]}=-\frac{3}{5}$$

となります。傾きがmで点（a，b）を通る直線の式は

$$y-b=m(x-a)$$

となります。

これはつぎのように変形すれば，傾きmを定義していることにほかなりません。

$$\frac{y-b}{x-a}=m$$

①式，②式を連立させて解くと

注） 点(10，12)の意味は，x座標が10，y座標が12であり，図の中で●印で示されています。

$$
\left.\begin{aligned}
y &= \frac{3}{5}x \quad \cdots\cdots\cdots\cdots\cdots\cdots ① \\
y &= -\frac{3}{5}x + 18 \quad \cdots\cdots\cdots\cdots ②
\end{aligned}\right\}
$$

①式＋②式より

$$2y=18$$

$$y=9$$

となり，①式に代入すると

$$x=15$$

答え　9時15分，A駅より9 km

がえられます。2 台のバスが出発してから，はじめてすれちがう時刻は 9 時15分で，はじめてすれちがう地点とA駅の間の道のりは9 kmであることがわかります。

世の中には，他人をだますのに途中まではほんとうなのだけど，結論はウソという場合がたくさんあります。まぎらわしいニセ物をみやぶるためにも，文章題によって読解力と論理力をきたえておくことが必要です。その訓練をしていないと，不動産屋の口車にのせられて，誰もが住みたがらないぬかるみだらけの土地や，いまにもくずれそうな崖の上の土地を買わされるはめになってしまいます。読解力とは，むずかしく，こみいったいいまわしにまどわされず，結局何をいっているのかを読み解く力，論理力は読み解いた内容にウソが含まれてないかを順序正しくチェックする力です。

これまでに説明した分数，小数，それらの四則演算，方程式や関数は算数・数学の基礎となる項目です。算数・数学は人生のどこで必要となるのか，という疑問をもっていた人もいるかと思います。しかしながら，この学問は実生活の中から必要とされたために生まれたものであり，この本にあげた例題からも，四則演算の基礎がご理解いただけたと思います。また，このような基礎をしっかりと身につけることで，論理的な思考力も養われ，より高度な数学を学ぶことの手助けとなります。

第１章の問題

【問題１】 横の長さがたての長さより 2 cm 長い長方形の紙があります。下の図のように，四隅から 1 辺が 4 cm の正方形を切りとり，折り曲げて，ふたのない直方体の形の容器をつくったところ，容積が 96 cm^3 となりました。もとの紙のたての長さをもとめなさい。

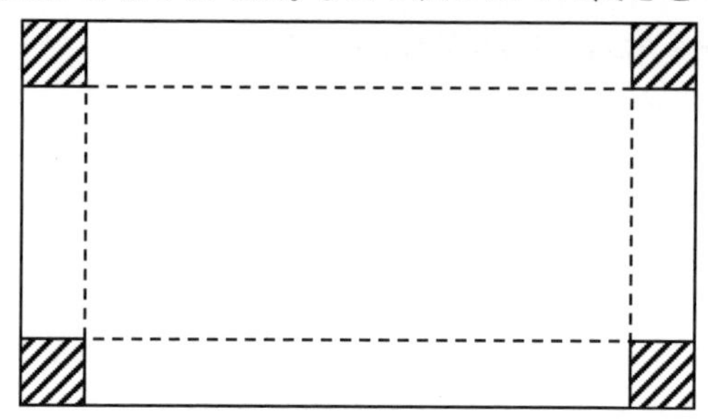

【問題２】 濃度 3 %の食塩水 400 g と濃度 5 %の食塩水 x g をよくかき混ぜてから，水を 60 g 蒸発させたら，濃度 4 %の食塩水ができました。x の値をもとめなさい。

【問題３】 遊水地のまわりに 1 周 5150 m の遊歩道がある。この遊歩道の P 地点に雄司君と正仁君がいる。雄司君が分速 70 m で歩きはじめてから 20 分後に，正仁君が雄司君と反対まわりに歩きはじめた。正仁君が歩きはじめてから 25 分後に 2 人ははじめてであった。このとき，正仁君の歩いた速さは分速何 m ですか。

【問題４】 ある中学校の昨年度の生徒数は 230 人でした。今年度の生徒数は，昨年度と比べて，男子が 10 %増え，女子が 5 %減り，全体で 5 人増えました。今年度の男子，女子の生徒数をそれぞれもとめなさい。

【問題５】 ある鉄道では，4 両編成の普通電車，10 両編成の普通電車，6 両編成の快速電車の 3 種類の電車が運行しています。普通電車は毎秒 15 m の速さで走り，快速電車も一定の速さで走っています。普通電車も快速電車も 1 両の長さはすべて同じとします。

快速電車が前方からくる 4 両編成の電車に出あってからすれちがい終えるまでに 3.6 秒かかりました。また，快速電車が 10 両編成の普通電車に追いついてから完全にぬき終わるまでに 14.4 秒かかりました。車両間の連結部分の長さは考えないものとします。

(1) 快速電車の速さを毎秒 x m，車両の 1 両の長さを y m として連立方程式をつくりなさい。

(2) x，y の値をもとめなさい。

【問題６】 下の図のように，排水管 a，b のついたタンクがあり，それぞれの排水管の下には容器 A，B がおいてあります。2 つの排水管は閉じており，タンクには水が 140 m^3 入っています。また，2 つの容器には水が入っていません。

はじめに排水管 a だけを開けて，しばらくしてから排水管 b を開けました。タンクが空になったとき，2 つの容器から水があふれておらず，たまった水の量は同じでした。排水管 a からは毎分 5 m^3，b から毎分 7 m^3 の割合で排水されるとき，つぎの問いに答えてください。

(1) 排水管 a を開けてから，x 分後のタンクの水の量を y m^3 とします。排水管 a を開けてから，タンクが空になるまでの x と y の関係をあらわすグラフをかきなさい。

(2) タンクの水の量が 60 m^3 になったときの排水管 a を開けてから何分後かをもとめなさい。

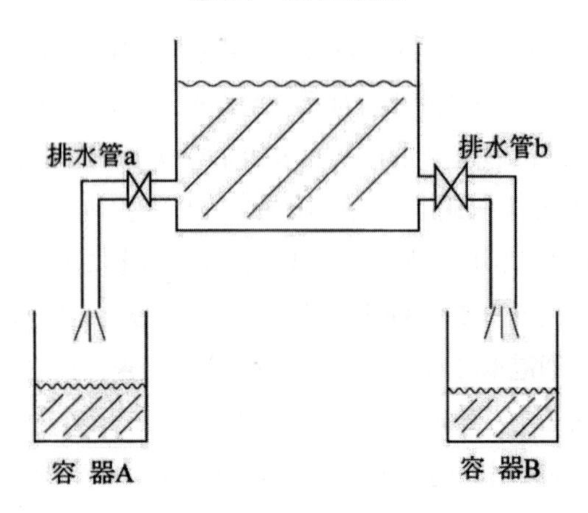
排水管a
排水管b
容 器A
容 器B

第2章

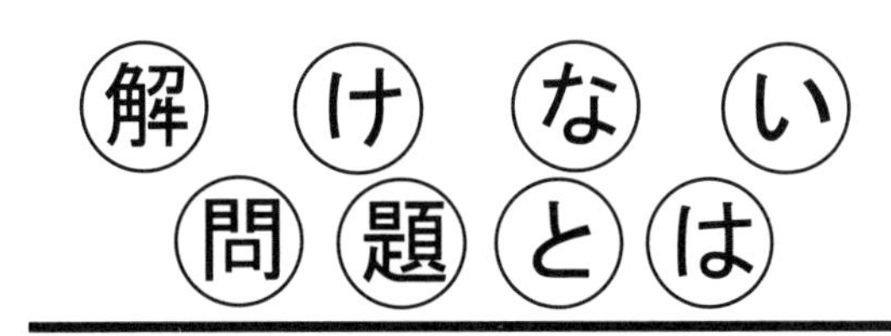

ある先輩が「ぼくは数学が好きでしたし，得意科目でした。決められたルールのもとに，計算すればかならず答えがでてきました。ルールを覚えるのに多少演習をすることが必要ですが，問題集に目を通しておけば，まずそれほど苦労はしませんよ」といってました。たしかに，試験にでる数学の問題はかならず答えがあり，その答えがただひとつの場合がほとんどです。数学の先生がよほどへそ曲がりでないかぎり，答えが無数にあったり，ひとつもなかったりすることはありえません。

ところが，実社会にでてみると，誰も問題をつくってくれるわけでもないし，問題をつくるのは自分自身であり，それを解くのも自分です。ですから，問題をつくることができれば，それを解決したことと同じです。しかし，問題が不備で答えがなかったり，無限にあったりすることがほとんどです。そこで問題に条件をつけ加えたり，条件をはずしたりして，修正する作業が必要です。

問題を発見したり，つくったり，解いたり，修正したり，そのような作業は実は人間らしい尊い(とうとい)仕事なのです。私たちは自分のまわりにいろいろな問題がひそんでいることに，まず関心をもちましょう。職場では設計上のミスが多いことに気づき，それを解決するためにはある策略を考えた人はやはり有能であり，いずれはその職場を指導する立場になることでしょう。

そこでこの章では，一般的な教科書，参考書や算数，数学の本ではなかなか説明されていない「解けない問題」についてみていきましょう。

2.1　解けない問題

はじめに，つぎの文章題を考えてみましょう。

> 孝(たかし)くんがお菓子屋さんにお菓子を買いにきました。孝くんはお菓子を買うために，お母さんからお金をもらいました。いくら，孝くんはお金をもっているでしょう？

この文章題に対して，だれかが 1250 円と答えて，その答えがあたっていたとします。この答えは，この文章題を解いたことになるのでしょうか。ちがいますよね，カンがあたったのです。したがって，この文章題は算数の問題ではないのです。この文章題を算数の問題とするためには，たとえば，つぎのような文章題になると，算数の問題として解くことができるようになります。

> 孝くんがお菓子屋さんにお菓子を買いにきました。孝くんはお菓子を買うために，お母さんからお金 1000 円札 1 枚，100 円玉 2 枚，50 円玉 1 枚をもらいました。いくら，孝くんはお金をもっているでしょう？

この文章題では，孝くんはお母さんから

1000 円札：1 枚　⇒　1000 円×1 枚＝1000 円

100 円玉：2 枚　⇒　100 円×2 枚＝ 200 円

50 円玉：1 枚　⇒　50 円×1 枚＝　50 円

もらったので，

合計：1000 円＋200 円＋50 円＝1250 円

と，孝くんがもっているお金をもとめることができます。

このように，文章題を算数の問題として解くためには，文章題を解くことができるだけの「情報」が必要となります。上の文章題の場合には，その情報を与えているのが，

孝くんはお母さんからお金 1000 円札 1 枚，100 円玉 2 枚，50 円玉 1 枚をもらいました。

です。そして，この情報から

1000 円札：1 枚　⇒　1000 円×1 枚＝1000 円

100 円玉：2 枚　⇒　100 円×2 枚＝ 200 円

50 円玉：1 枚　⇒　50 円×1 枚＝　50 円

合計：1000 円＋200 円＋50 円＝1250 円

ともとめることができたのです。したがって，文章題が解けるためには，

文章題は算数の問題を解くための「情報」を与えている。算数の問題を解くことができるだけの情報がないと，文章題としてなりたたない。

という条件がとても重要となります。そして，文章題に対する「情報」が十分でない場合には，その問題は，「解けない問題」となります。

また，「文章題を解く」には，この文章題にある「情報」を正しく理解し，その条件から「式をたてる」ことが重要となります。「式をたてる」ことができれば，あとは算数の計算のルールにしたがって，計算を進めればよいのです。

文章題には 2 つのタイプがあります。1 つは，文章題にある情報から式をたてて，四則演算にしたがって，計算して解けるものです。たとえば，つぎのような式の関係です。

○　×　△　＝　□
↑　　↑　　↑
与えられている　　もとめる

このような四則演算にしたがって計算して解ける問題において，左辺の○や△のどちらかが与えられていない場合には「解けない問題」とな

ります。

もう1つは，前と同様に，文章題にある情報から式をたてた場合に，それが方程式となるものです。この方程式が「解ける問題」となるには，基本的に式の数とわからない数が同じである必要があります。たとえば，つぎのような式の関係です。

○　×　△　＝　□
↑　　↑　　↑
もとめる　与えられている

この方程式が解けるかどうかも，2つのタイプがあり，「手計算で解ける問題」と「コンピュータで解ける問題」です。「手計算で解ける問題」は四則演算や移項などの計算のルールにしたがって計算していくと解くことができます。

一方，「コンピュータで解ける問題」では，方程式が複雑なときにもちいます。詳細な説明は本書では省略しますので，知りたい方は専門書を参照してください注)。上のタイプの計算でも，式が複雑な場合にはコンピュータや電卓をもちいる場合があります。

それでは，解けない問題とは，どのような場合でしょうか。そのひとつは，方程式の場合に，わからない情報が多い場合です。たとえば，つぎのような式の関係です。

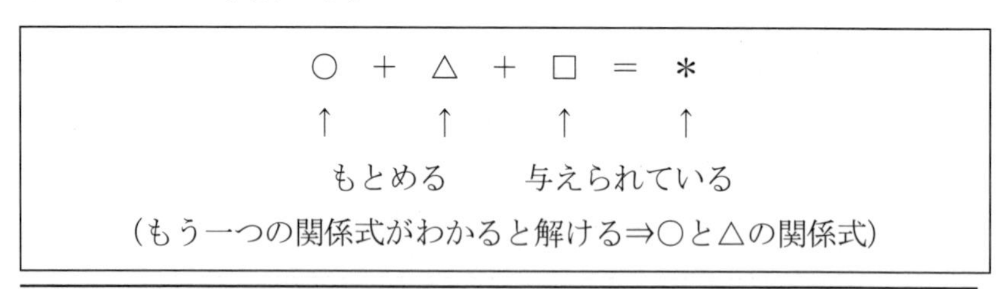

注）たとえば，E.クライツィグ(著)，Erwin Kreyszig(原著)：田村 義保(翻訳)：数値解析(技術者のための高等数学)，培風館

この場合，□と＊の値はわかっているのですが，○と△がわかっていません。したがって，どちらかの値が決まらないと，もう一方の値も決まりません。そこで，○と△に関する式か，どちらかの値がわかると，この方程式を解くことができるようになります。「○と△に関する式」や「○か△のどちらかの値」がわからない情報となっているため，解けない問題となっているのです。

また，ほかのタイプとしては，答えが複数あったり，無限（数のかぎりがないこと）にあったりして，答えをひとつに定めることができない問題です。この場合は，答えをひとつに定めるための情報が必要となります。

さらに，解けない問題の別のタイプとしては，計算式の答えや方程式の解はもとめられるが，その答えが文章題の意図するものとはちがう場合です。とくに，文章題の条件から答えがひとつもない文章題もあります。この場合は，問題に不備があるため，適切な問題にしなければなりません。

では，それぞれのタイプについて，具体的な文章題をみながら，考えていきましょう。

2.2　わからない情報が多い場合

はじめに，距離，速さ，時間の関係から考えてみましょう。

A君が2時間歩きました。この2時間でA君は何km歩いたでしょうか。

A君が時速3kmで歩きました。A君は何km歩いたでしょうか。

これらの文章題では，A君が歩いた速度もしくはA君が歩いた時間がわからないため，歩いた距離をもとめることができません。そこで，つ

ぎのように，A 君が歩いた速度と時間の両方を条件として加えることにより，問題を解くことができます。たとえば，つぎのような文章題になります。

A 君が時速 3km で 2 時間歩きました。この 2 時間で A 君は何 km 歩いたでしょうか。

この文章題になると，時速と歩いた時間がわかるので，A 君の歩いた距離はつぎのようにもとめることができます。

3[km/h] ×2[h]＝6 [km]

上の問題では，速度と時間から距離をもとめましたが，距離と時間から速度を, 距離と速度から時間をもとめる問題にも同じことがいえます。

距離と時間から速度を求める問題

A 君が 12km 歩きました。A 君は時速何 km で歩いたでしょうか。

A 君が 3 時間歩きました。A 君は時速何 km で歩いたでしょうか。

このままでは，A 君が歩いた時間もしくは距離が与えられていないので，速度をもとめることができません。つぎのような問題になると速度をもとめることができるようになります。

A 君が 3 時間で 12km 歩きました。A 君は時速何 km で歩いたでしょうか。

時間と距離が与えられたので，時速をもとめることができます。

12 [km]÷3[h] ＝4[km/h]

距離と速度から時間をもとめる問題

A 君が時速 6km で走りました。A 君は何時間走ったでしょうか。

A 君が 12km 走りました。A 君は何時間走ったでしょうか。

この文章題の場合には，A 君が走った距離もしくは速度がわからないため，このままでは走った時間がもとまりません。そこで，距離と速度をつぎのように与えてみましょう。すると，文章題を解くことができます。

A 君が時速 6km で 12km 走りました。A 君は何時間走ったでしょうか。

距離と時速が与えられたので，走った時間をもとめることができます。

$$12\ [\mathrm{km}] \div 6\ [\mathrm{km/h}] = 2\ [\mathrm{h}]$$

このように，距離，速度，時間の 3 つの数に関係がある場合，2 つの数がわからないと，もうひとつの数をもとめることができません。この距離，速度，時間だけでなく，3 つの数に関係があるときは，2 つの数がわかる必要があります。また，4 つの数に関係がある場合には 3 つの数，5 つの数に関係がある場合には 4 つの数と，n 個の数に関係がある場合には，$n-1$ 個の数がわからないと方程式を解くことはできません。

それでは，つぎのような文章題を考えてみましょう。

A 君がくだものを買いにきました。A 君は，80 円のみかんを 3 個，100 円のりんごを 5 個，500 円のメロンを x 個買いました。合計金額はいくらでしょうか。

この文章題では，みかんの金額と買った個数，りんごの金額と買った

個数，メロンの金額がわかっていますが，メロンを買った個数がわかりません。そのため，合計金額をもとめることができません。合計金額を y 円として，方程式をたてると，つぎのようになります。

$$80\times3+100\times5+500\times x=y$$

ひとつの方程式に対して，2 つの未知数があります。未知数の数が方程式の数よりも大きいので，答えをもとめることができないのです。適当なメロンの個数を与えてよいとなれば，答えは無限個となります。

この文章題では，買ったメロンの個数，または合計金額が条件として加われば，1 つの答えをもとめることができるようになります。たとえば，つぎのような文章題であれば，答えをみちびくことができます。

> A 君がくだものを買いにきました。A 君は，80 円のみかんを 3 個，100 円のりんごを 5 個，500 円のメロンを 2 個買いました。合計金額はいくらでしょうか。

合計金額を y 円とすると，

$$80\times3+100\times5+500\times2=y$$

$$y=240+500+1000$$

$$=1740 \text{円}$$

ともとめることができます。さらに，つぎのような文章題でも答えをもとめることができます。

> A 君がくだものを買いにきました。A 君は，80 円のみかんを 3 個，100 円のりんごを 5 個，500 円のメロンを x 個買い，合計金額 2740 円でした。A 君はメロンをいくつ購入したでしょうか。

文章題の条件から，つぎの式がなりたちます。

$$80\times3+100\times5+500\times x=2740$$

$$240+500+500x=2740$$

$$500x=2000$$

$$x=4$$

つぎに，つぎの文章題をみてみましょう。

> A 君が，10000 円札，5000 円札，1000 円札をそれぞれ複数枚もっていて，その合計金額が 28000 円でした。それぞれのお札の枚数を求めなさい。

10000 円の枚数を x 枚，5000 円の枚数を y 枚，1000 円の枚数を z 枚とすると，この文章題に対する方程式は，つぎのようになります。

$$10000\times x+5000\times y+1000\times z=28000$$

ひとつの式に対して，３つの未知数なので，答えをもとめることができません。この文章題のままでは，x，y，z の組みあわせはいくつもあります。

このような複数個の答えではなく，ただひとつの答えにするためには，x，y，z のうち２つを文章題の中で与える必要があります。たとえば，つぎのような文章題になります。

> A 君が，10000 円札を 2 枚，5000 円札を 1 枚，1000 円札を z 枚もっていて，その合計金額が 28000 円でした。1000 円札の枚数をもとめなさい。

この場合，

$$10000\times 2+5000\times 1+1000\times z=28000$$

$$25000+1000z=28000$$

$$1000z=3000$$

$$z=3$$

A 君が，10000 円札を 1 枚，5000 円札を y 枚，1000 円札を 3 枚もっていて，その合計金額が 28000 円でした。5000 円札のお札の枚数をもとめなさい。

この場合には，

$$10000\times1+5000\times y+1000\times3=28000$$

$$13000+5000y=28000$$

$$5000y=15000$$

$$y=3$$

A 君が，10000 円札を x 枚，5000 円札を 2 枚，1000 円札を 8 枚枚もっていて，その合計金額が 28000 円でした。10000 円札のお札の枚数をもとめなさい。

この場合では，

$$10000\times x+5000\times2+1000\times8=28000$$

$$18000+1000x=28000$$

$$10000x=10000$$

$$x=1$$

となります。

つぎに，連立方程式について考えてみましょう。

$$x+y=1 \quad \cdots\cdots\cdots\cdots\cdots① $$

$$2x+2y=2 \quad \cdots\cdots\cdots\cdots\cdots② $$

この連立方程式をみると，式が２つ(①式と②式)，変数が２つ (x と y) です。そのため，連立方程式を解くことができるように思います。しかし，この問題では答えをもとめることができません。それは，実は①式と②式は，本質的には同じだからです。(①式と②式は独立な式ではないともいえます）どういうことかというと，①式を２倍すると，

$$式① \times 2 \quad \Rightarrow \quad 2x \quad + \quad 2y \quad = \quad 2$$

となり，②式と同じです。一方，②式を２でわると，

$$②式 \div 2 \quad \Rightarrow \quad x \quad + \quad y \quad = \quad 1$$

となり，①式と同じです。

このように，式を変形すると，同じ式がえられることから，実は同じことを意味している式ですが，かき方がちがうだけなのです。したがって，この連立方程式は

$$x+y=1$$

にまとめられるので，式が 1 つ，変数が 2 つとなり，解くことができません。また，

$$x+2y=2x+y=3$$

という方程式は，

$$\left.\begin{array}{r} x+2y=3 \\ 2x+y=3 \end{array}\right\}$$

という 2 つの方程式からなる連立方程式なのです。したがって，式が 2 つ，変数が 2 つとなり，解くことができます。

2.3　答えが複数または無限にある場合

つぎの文章題から考えてみましょう。

> 容量 60ℓ(リットル)の容器をつかって川から水を運ぶ仕事を考えます。容器いっぱいに水をためるには，何回水を運ぶ必要があるでしょうか。

この問題をみると，容器をつかって，どのように水を運ぶのかがしめ

されていません。そのため，この文章題からひとつの答えをみちびくことはできません。たとえば，容量20ℓの容器で水を運ぶ場合には3回となりますし，容量10ℓの容器では6回となります。条件によって，このようにひとつの答えに定まらない問題です。この問題の場合には，条件によって答えがかわるため，文章題に不備があり，この条件を解答者が決めてよい場合には，答えは無限個となります。

つぎのように問題をかきなおすと，ひとつの答えをもとめることができるようになります。

> 容量60ℓ(リットル)の容器に川から水を運ぶ仕事を考えます。1杯7ℓのバケツをつかって水を運ぶことを考えます。なお，水を1回運ぶのに，バケツに水を満杯にしているものとし，また運ぶ最中に水はこぼれないとします。容器いっぱいに水をためるには，バケツをつかって何回水を運ぶ必要があるでしょうか。

バケツを使って1回水を運ぶのに7ℓで，合計60ℓにするのですから，

$$60 \div 7 = 8.57\cdots$$

となります。それでは，このまま答えを8.57…回としてよいのでしょうか。それはまちがいです。なぜなら，水を運ぶ回数に小数や分数はないからです。たとえば，「0.5回水を運んだ」では，意味がわかりません。このことから，答えは整数であることがわかりましたから，答えは9回となります。

答え　9回

このように，問題に対する答えは計算してもとめた答えをかくだけではなく，文章題の答えとして適切なものにしなければなりません。

つぎに，買い物に関する問題を考えてみましょう。

150 円のボールペンをいくつか買って，合計金額を 1000 円以上にするには何本買えばよいか。

この文章題では，何本でも買うことができるから，10 本，20 本と本数を増やすことができるので，答えは無限となり，ひとつの答えとなりません。

150 円のボールペンをいくつか買って，合計金額を 1000 円以上にするには最低何本買えばよいか。

1 本から順にボールペンの買った本数を増やしていき，そのときの金額をかきだしていくと

1 本→150 円
2 本→300 円
3 本→450 円
4 本→600 円
5 本→750 円
6 本→900 円
7 本→1050 円

となり，7 本のときにはじめて 1000 円をこえるので，最低 7 本ボールペンを買えばよい，ということができます。

150 円のボールペンをいくつか買って，合計金額を 1000 円以内にするには何本買えるか。

これは，2 番目の文章題をかきかえたもので，題意は同じです。文章題によっては，答えをもとめるためのヒントがあったとしても，文章題の条件が適切ではないために，答えがもとまらない場合があります。

さらに，つぎのように，文章題にもう 1 つ条件があると，答えを限定することができます。

> 150円のボールペンをいくつか買います。ボールペンは10本以上で合計金額を2000円以内にするには何本買えばよいでしょうか。

10本から順にボールペンの買った本数を増やしていくと，

10本→1500円

11本→1650円

12本→1800円

13本→1950円

14本→2100円

となります。したがって，10～13本と答えが複数個になりますが，答えをもとめることができます。

2.4　答えが文章題の意図するものとちがう場合

方程式の答えがもとめられても，その答えが文章題に対する適切な答えとはかぎらない場合もあります。そのような例について連立方程式をたてる文章題をみながら考えていきましょう。

> A君が，カレーの材料であるにんじんとじゃがいもを買いました。にんじんを3本，じゃがいもを5個買った場合には，合計金額が600円になりました。一方，にんじんを4本，じゃがいもを4個買った場合には，合計金額が450円になりました。にんじんとじゃがいもそれぞれ1個あたりの金額はいくらでしょうか。

にんじん1本の金額をx円，じゃがいも1個の金額をy円とします。

にんじん3本とじゃがいも5個を買った場合の金額が600円であったということから，

$$3 \times x + 5 \times y = 600 \quad \cdots\cdots\cdots\cdots\cdots ①$$

がえられます。つぎに，にんじん4本とじゃがいも4個を買った場合の

金額が 450 円であったということから，

$$4 \times x + 4 \times y = 450 \quad \cdots\cdots\cdots\cdots\cdots ②$$

がえられます。①式×4，②式×5 を計算すると，

$$12x + 20y = 2400 \quad \cdots\cdots\cdots\cdots\cdots ③$$

$$20x + 20y = 2250 \quad \cdots\cdots\cdots\cdots\cdots ④$$

③式－④式を計算すると，

$$-8x = 150$$

$$x = -18.75$$

と x がもとまります。つぎに，②式に x の値を代入して計算すると，

$$-75 + 4y = 450$$

$$4y = 525$$

$$y = 131.25$$

と y がもとまります。

このように連立方程式は解くことができて，連立方程式の答えはもとめることができました。ここで，文章題について考えてみましょう。もとめたい答えはにんじんとじゃがいもの金額で，金額に負(マイナス)の値や小数の値はありえません。したがって，答えとしてえられた，にんじんの金額の $x=-18.75$ 円やじゃがいもの金額の $y=131.25$ 円は答えとして正しくありません。ゆえに，この文章題は問題に不備があり，文章題に適した答えをもとめられません。

さらに，つぎのような人口に関する文章題を考えてみましょう。

> ある学校の男子と女子の生徒数を考えます。昨年の全生徒数は 200 人でした。今年は，昨年に比べて男子が 1.2 倍に，女子は 0.8 倍になり，全生徒数は 195 人になりました。昨年の男子と女子のそれぞれの生徒数は何人でしょうか。

昨年の男子の生徒数を x 人，女子の生徒数を y 人とします。昨年の全生徒数が 200 人ということから，

$$x+y=200 \quad \cdots\cdots\cdots\cdots\cdots①$$

となります。今年は，男子の生徒数が 1.2 倍に，女子の生徒数が 0.8 倍になり，全生徒数が 195 人ということから，

$$1.2x+0.8y=195 \quad \cdots\cdots\cdots\cdots\cdots②$$

がえられ，連立方程式をたてることができます。

①式×80，②式×100 を計算すると，

$$80x+80y=16000 \quad \cdots\cdots\cdots\cdots\cdots③$$

$$120x+80y=19500 \quad \cdots\cdots\cdots\cdots\cdots④$$

③式－④式をもとめると，

$$-40x=-3500$$

$$x=87.5$$

と x がえられます。x を①式に代入すると，

$$87.5+y=200$$

$$y=112.5$$

と y がえられます。

連立方程式をたてて，答えをもとめることができました。では，文章題について考えてみましょう。この文章題でもとめるものは男子と女子の人数です。人数は１人，２人，３人…と整数しかとりません。しかしながら，連立方程式の答えをみると，小数の答えとなっています。人数は整数しかとりませんから，連立方程式を解いてえられた答えは，文章題の答えとして適切ではありません。

これらの例題のように，文章題によっては答えの範囲がかぎられていて，その範囲内でなければ答えとして正しくない場合があります。このような文章題をだすような意地悪な出題者はいないと思いますが，問題をつくるのは人間ですから，まちがえることもあります。そのときに問

題を正すこともできる理解力もつけると，より文章題に強くなります。

2.5　答えがひとつもない場合

解けない問題の例の最後として，答えがひとつもない場合について考えてみましょう。この場合, 2 つのパターンがあり, ひとつは 2.4 節の「答えが文章題の意図するものとちがう場合」で，もうひとつは「もとめられた答えが文章題の条件にあてはまらない場合」です。ここでは，後者の「もとめられた答えが文章題の条件にあてはまらない場合」について考えます。

つぎの文章題をみていきましょう。

> A 君は 80 m/min である時間歩きました。B 君は A 君と同じ地点から同じ道を同じ方向に 130 m/min で 5 分間早歩きしました。このとき，B 君の方が A 君よりも 730 m 進んでいました。A 君が歩いた時間は何分でしょうか。

A 君が歩いた時間を x [min]とすると，A 君が歩いた距離は

$$80\times x$$

となり，B 君が歩いた距離は,

$$130\times 5$$

となります。B 君が歩いた距離と A 君が歩いた距離の差が 730 m ということから，つぎの方程式がなりたちます。

$$130\times 5-80\times x=730$$

この方程式を解くと,

$$650-80x=730$$

$$-80x=80$$

$$x=-1$$

となり，方程式の解は $x=-1$ としてみちびかれ，文章題の答えも－1 分

間となります。しかし，ここでよく考えてみましょう。この文章題がもとめている答えは，A 君が歩いた時間です。歩いた時間が負の値をとることがなく，かならず正の値をとるので，−1 分間歩いたという答えは正しくありません。したがって，この文章題の答えは存在しないということになります。

2.6　計算の上での注意点

文章題以外にも気をつけなければならないことがあります。それは，0 のあつかいです。これは計算からくるあやまりです。つぎの方程式を考えてみましょう。

□× 0 ＝ 0

この場合，□にはどんな数字を入れてもなりたちます。そのため，答えをひとつに決めることができません。

□÷ 0 ＝△

この場合，式を変形すると，

$$\square = \triangle \times 0 = 0$$

となります。□が 0 のときだけなりたようにみえます。しかし，

$$1 \div 0 = x$$

を考えてみましょう。両辺に 0 をかけると，

$$1 \div 0 \times 0 = x \times 0 = 0$$

となります。したがって，

$$1 = 0$$

となり，これは正しくありません。この計算のどこにまちがいがあったのでしょうか。それは，そもそも与えられた式にあります。「÷0」がよくないのです。「÷0」を「×0」で相殺して，1 としていますが，この計算もまちがえており，正しくない計算へとみちびいてしまうのです。

第 2 章の問題

【問題１】 つぎの文章題は，条件（情報）が少ないため，問題を解くことができません。解けるようにするためには，どのような条件をくわえればよいでしょうか。

A 君がジョギングしていました。まず 2 時間走り，そのあと，時速 10 km/h のスピードで走りました。A 君が走った距離はいくらでしょうか。

【問題２】 つぎの文章題は，条件（情報）が少ないため，問題を解くことができません。解けるようにするためには，どのような条件をくわえればよいでしょうか。

B 君は 10000 札，5000 円札，1000 円札をもっていて，すべてをあわせると合計金額が 67000 円になりました。このとき B 君は 5000 円札を 3 枚もっていました。B 君は 10000 円札と 1000 円札を何枚ずつもっていたでしょうか。

【問題３】 つぎの文章題には，問題を解くのに余分な条件（情報）が含まれています。その条件は何かをしめしなさい。

くだもの屋さんに買い物にいきました。150 円のりんご，90 円のみかん，200 円のぶどう，500 円のメロンが売られていました。りんごとぶどうをあわせて 10 個購入したら，その代金が 1800 円になりました。りんごとぶどうをそれぞれいくつ購入したでしょうか。

【問題４】 つぎの文章題には，問題を解くには余分な条件（情報）が含まれています。その条件は何かをしめしなさい。

同じ底辺の長さ，高さの三角形と四角形がありました。どちらも底辺の長さが 5 cm で，三角形の面積は 15 cm^2，四角形の面積は 30 cm^2 でした。二つの図形の高さはいくらでしょうか。

【問題５】 問題１から４について答えをもとめなさい。ただし，問題１と問題２については，問題１と問題２で答えた条件をもちいることとします。

第３章

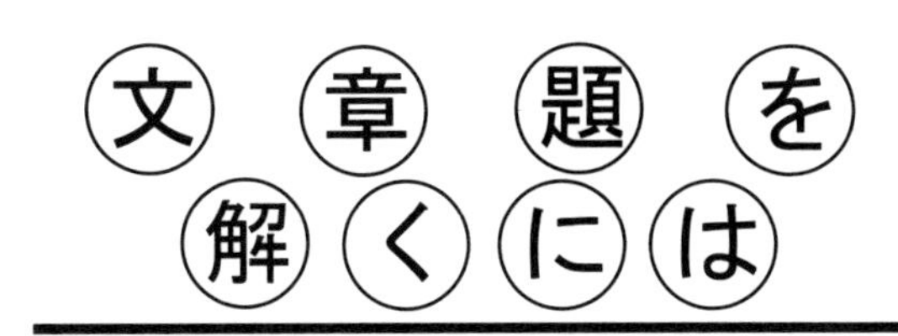

第２章のはじめに説明したとおり，文章題には単純に計算すればよい問題と，方程式を解く問題があります。いずれの場合にも，演算のきまりや移項を理解する必要があります。

まずは復習をかねて，計算すれば解ける問題から説明します。

・もとめたい量をはっきりさせる

・条件をかきだす

・条件を数式になおし，実際に計算する

この章では,第２章の解けない問題にはあてはまらない｢解ける問題｣のみを例にあげて説明します。

文章題が解けるようになるためには，計算能力ではなく，文章題の題意を理解して，式をたてることがもっとも重要なことです。そのためには，なんども文章題にチャレンジして，式をたてる訓練が必要となります。そこで，この章では，具体的な計算よりも，式をたてることの練習を主にしています。計算は数多く解くことで理解できますが，式をたてることは文章題の意味と，それに適した計算の意味を理解することが重要となります。

とくに，ここでは，計算の規則，四則演算の例を説明するとともに，

①　計算式をもとめてから，計算して答えをもとめる問題

②　方程式をたててから，方程式を解いて答えをもとめる問題

③　連立方程式をたててから，連立方程式を解いて答えをもとめる問題

へと，だんだんとレベルをあげて説明していきます。

3.1　計算の規則

等式の四則演算には，つぎのような原理があります。

等式の両辺に同じ数をたしても，ひいても， かけても，わっても，等式はなりたつ

いま，a，b，c を任意の(勝手な)定数として，$a=b$ であるときには

1. $a+c=b+c$
2. $a-c=b-c$
3. $ac=bc$
4. $\dfrac{a}{c}=\dfrac{b}{c}$　$(c\neq 0)$

がなりたちます。さらに，つぎの原理があります。

表 3-1　代数の文法

	たし算	かけ算
交換法則	$a+b=b+a$	$ab=ba$
結合法則	$(a+b)+c=a+(b+c)$	$(ab)c=a(bc)$
分配法則	$(a+b)c=ac+bc$	

3.2　四則演算の例

(a)　「てにをは」の理解と「式をたてる」

「てにをは」とは，「助詞の古いよび名」で，語句と他の語句との関係をしめしたり，文章に一定の意味を加えたりする言葉が「てにをは」とよばれています[注)]。

算数において，かんたんな例をあげると，

「10 を 2 でわる」

ということと

注）http://www.raitonoveru.jp/howto2/bunnsyou/03.html

「10 で 2 をわる」

とではちがった計算なのです。つまり，

「10 を 2 でわる」⇒「10÷2」

「10 で 2 をわる」⇒「2÷10」

となります。

「を」と「で」がいれかわるだけで，ちがった計算と答えになります。とくに，文章題では，問題の意味をしっかり理解することが必要です(問題は答えとして何をもとめるのか)。したがって，文章題が解けるようになるためには，計算能力だけでなく，文章題を計算式や方程式になおすために，国語，とくに「てにをは」もしっかりと学ぶ必要があります。

(b)　四則演算

計算のイメージとしては，

たし算：合計を計算するときで，同じ質のもの，すなわち同じ単位のものどうししかたすことができない。

ひき算：あるものからとりさるときで，たし算と同様に同じ単位のものどうしでしかひくことができない。

かけ算：同じものが複数個あるとき

わり算：あるものを等しく分ける(等分する)とき

とまとめることができます。

四則演算にはそれぞれ計算の意味があるので，文章題から四則演算のどれをつかって計算式や方程式をたてればよいのかを理解する必要があります。四則演算のつかい方をまちがえると，もとめたい答えとはまったくちがった値がえられることになります。四則演算のつかい方を習得する近道はなく，たくさんの文章題を解いていくことが一番の近道だと思います。

つぎに，四則演算の中の複数の計算がある例について考えてみましょう。複数の計算がある例は文章題によっていくつもありますが，ここでは基本的な例として，平均と，ことなるものを複数個買う問題をとりあげます。

(c)　平　均

平均とは，複数のデータの集まりがあるときに，そのデータの真ん中の値をもとめるものです。数学の分野では，確率や統計にもちいられる初歩的な解析方法です。平均はつぎのような式であらわすことができます。

$$\text{平均} = \frac{\text{データの合計}}{\text{データの個数}}$$

たとえば，「1から10の数字の平均」という場合，データの合計は

$$1+2+3+4+5+6+7+8+9+10=55$$

となります。データの個数は10個なので，平均は

$$\text{平均} = 55 \div 10 = 5.5$$

ともとめることができます。

平均をもとめる文章題として，以下のような例題を考えてみましょう。

> A君は中学校で5教科(国語，数学，社会，理科，英語)の試験を受けました。その試験の結果，A君は，国語82点，数学95点，社会83点，理科87点，英語93点でした。A君の5教科の平均点と3教科(国語，数学，英語)の平均点はいくらでしょうか。

この文章題を解釈するために，問題文から必要な情報だけを箇条書きにしてみましょう。

1. **A君の点数は，国語82点，数学95点，社会83点，理科87点，英語93点である。**
2. **A君の5教科の平均点と3教科(国語，数学，英語)の平均点をもとめる。**

この文章の中でもとめるものはA君の5教科の平均点と3教科(国語，数学，英語)の平均点です。ですから，解答用紙の下の欄に「答え　A君の5教科の平均点：○○点，A君の3教科の平均点：○○点」とかきます。

まず，データの合計をもとめてみましょう。5 教科と 3 教科の点数の合計はそれぞれ

5 教科の合計＝82＋95＋83＋87＋93＝440

3 教科の合計＝82＋95＋93＝270

と計算できます。それぞれの平均点は教科数でわればよいので，

5 教科の平均点＝440÷5＝88

3 教科の平均点＝270÷3＝90

となります。したがって，答えは

答え　A 君の 5 教科の平均点：88 点

A 君の 3 教科の平均点：90 点

となります。

(d) ちがった物をあつかう場合の例：みかんとりんごの買い物

ちがったものをあつかう場合には，それぞれのものに対して計算式をたてる必要があります。たとえば，つぎのような例題を考えてみましょう。

> A 君はくだもの屋さんで，80 円のみかんを 20 個，120 円のりんごを 10 個買いました。みかんとりんごを購入した代金はいくらでしょうか。

この文章題を解釈するために，問題文から必要な情報だけを箇条書きにしてみましょう。

1. **80 円のみかんを 20 個，120 円のりんごを 10 個買った。**
2. **みかんとりんごを購入した代金をもとめる。**

この文章の中でもとめるものはみかんとりんごを購入した代金ですから，解答用紙の下の欄に「答え　みかんとりんごの購入代金は○○円」とかきます。

みかんとりんごは物理的にべつべつのものなので，計算もべつべつになります。みかんの値段とりんごの個数をおなじ計算式に含めることは

できません。たとえば,

$$80 \times 10 = 800$$

というように，みかんの値段×りんごの個数は，この文章題から計算することはありえません。2 つの情報の質がちがうからです。

みかんの値段とみかんの個数，りんごの値段とりんごの個数の組みあわせであつかう必要があります。したがって,

みかんの合計金額＝80×20＝1600

りんごの合計金額＝120×10＝1200

とそれぞれの合計金額をもとめて，全体の合計金額がつぎのように求まります。

みかんとりんごの合計金額＝1600＋1200＝2800

したがって，答えは

答え　みかんとりんごの購入代金は 2800 円

となります。

ここで，みかんの合計金額とりんごの合計金額をたしあわせてよいのかという疑問が浮かぶかもしれません。これはよいのです。なぜなら，計算しているものが金額というお金で統一されているからです。このことが理解できていれば，それぞれの計算式をたてなくても,

みかんとりんごの合計金額＝80×20＋120×10

＝1600＋1200＝2800

と，購入した代金をひとつの式で計算することもできます。

3.3　計算式をたてる問題

計算式をたてる問題とは,

○　×　（△　＋　□）　＝　？

↑　　　↑　　↑　　　↑

与えられている　　もとめる

のように，○，△，□の値は文章題から情報が与えられていて，文章題の情報をもとに，これらの値をもちいて，もとめたい答えをみちびく問題です。

まず，つぎの問題から考えてみましょう。

120 円のりんごを 10 個買いました。そのときのりんごの合計金額はいくらでしょうか。

この文章題を解釈するために，問題文から必要な情報だけを箇条書きにしてみましょう。

1. **120 円のりんごを 10 個買った。**
2. **りんごの合計金額をもとめる。**

この文章の中でもとめるものはりんごの合計金額ですから，解答用紙の下の欄に「答え　りんごの合計金額は○○円」とかきます。

頭ごなしに「この問題はかけ算の問題である」と教えても意味がありません。120×10 になることを理解させることが必要です。120 円のりんごというのは，りんご 1 個あたり 120 円ということを意味していて，単位をもちいて正しくかくと 120 円／個となります。これを 10 個買ったので，計算式は

$$120\,[円／個]\times 10[個]=1200[円]$$

となり，

答え　りんごの合計金額は 1200 円

となります。120 [円／個]の「個」と 10[個]の「個」が消えて，「円」だけが残ります。このように単位を含めて教えることで，かけ算というものが別のイメージとして理解できるようになります。

この式からわかることは，かけ算とは，ある基準となるモノが複数個になった場合の合計をもとめることといえます。

この考え方は距離・速さ・時間にも応用することができます。距離の単位は m(メートル)です。速さの単位は m/s(メートル毎秒)です。時間の単位は s (秒)です。速さ 10 [m/s]で 10 [s]走った場合の距離は

(速さ)×(時間)＝(距離)

10 [m/s] ×10 [s]＝100 [m]

となります。ここでは，10 [m/s]の「s」と 10 [s]の「s」が消えて，「m」だけが残ります。基準となるモノが速さの 10 [m/s] で，複数個が 10 [s]をさしています。

それでは，速度，時間，距離の文章題をみてみましょう。

A 君は時速 8 km で 1 時間，B 君は時速 10 km で 1.5 時間，C 君は時速 7 km で 2 時間走りました。A 君，B 君，C 君が走った距離の合計は何 km でしょうか。

この文章題を解釈するために，問題文から必要な情報だけを箇条書きにしてみましょう。

1. **A 君は時速 8 km で 1 時間走った。**
2. **B 君は時速 10 km で 1.5 時間走った。**
3. **C 君は時速 7 km で 2 時間走った。**
4. **A 君，B 君，C 君が走った距離の合計をもとめる。**

この文章の中でもとめるものは A 君，B 君，C 君が走った距離の合計ですから，解答用紙の下の欄に「答え　A 君，B 君，C 君が走った合計の距離は○○km」とかきます。

A 君，B 君，C 君が走った距離をもとめて，最後にたしあわせればよいので，つぎのような式がえられます。

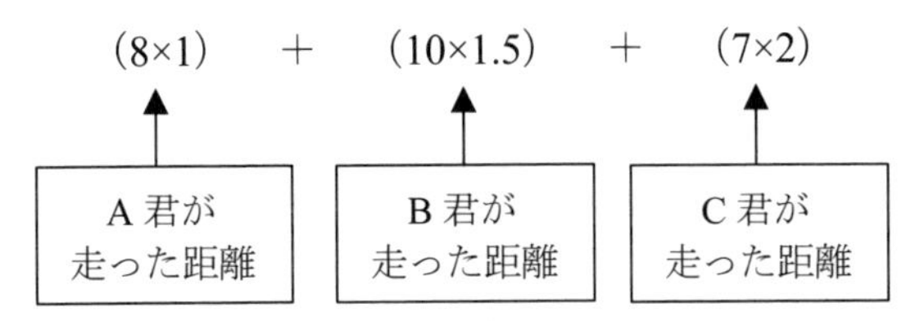

この式を計算すると，

$$(8\times1)+(10\times1.5)+(7\times2)$$
$$=8+15+14$$
$$=37$$

答えは37 kmとなります。

答え　A君，B君，C君が走った合計の距離は37 km

もう一題，文章題を考えてみましょう。

> 浴槽に入っていたお湯を空にしました。はじめの5分間は排水口aからお湯を排出し，その後，排水口bからもお湯を排出し，3分後に浴槽に入っていたお湯は空になりました。排水口aの1分間当たりの排水量は20ℓ(リットル)，排水口bの1分間当たりの排水量は15ℓでした。もともとのお湯の量はいくらでしょうか。

この文章題を解釈するために，問題文から必要な情報だけを箇条書きにしてみましょう。

1. はじめの5分間は排水口aからお湯を排出した。
2. 5分後，排水口bからもお湯を排出した。
3. 排水口bからお湯を排出した3分後に，浴槽のお湯は空になった。
4. 排水口aの1分間当たりの排水量は20ℓである。
5. 排水口bの1分間当たりの排水量は15ℓである。
6. もともとのお湯の量をもとめる。

この文章の中でもとめるものはもともとのお湯の量ですから，解答用紙の下の欄に「答え　もともとのお湯の量は○○ ℓ」とかきます。

5分間は排水口 a からお湯を排出し，3分間は排水口 a と b からお湯を排出したのですから，もともとのお湯の量はつぎのようにもとめることができます。

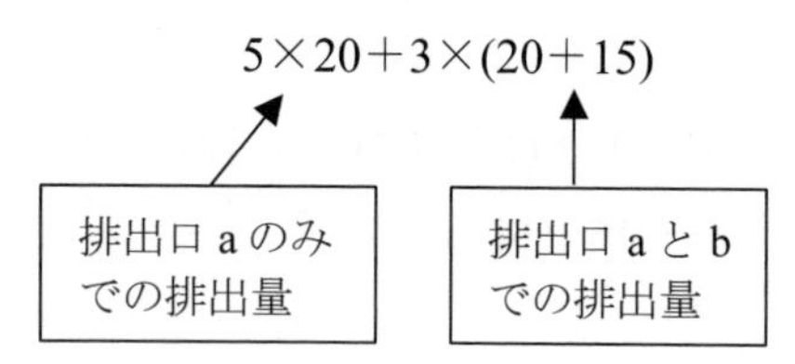

これを計算すると，

$$
\begin{aligned}
&5\times 20+3\times(20+15)\\
&=100+3\times 35\\
&=100+105\\
&=205
\end{aligned}
$$

答えは205ℓともとめることができます。

答え　もともとのお湯の量は205ℓ

つぎに，平均をもとめる問題を考えてみましょう。

ある7人グループがありました。そのグループの平均身長と平均体重をもとめてください。7人の身長と体重はつぎの表のとおりです。

	身　長 [cm]	体　重 [kg]
A	165	60
B	172	82
C	175	80
D	159	63
E	183	95
F	168	75
G	155	58

この文章題を解釈するために，問題文から必要な情報だけを箇条書きにしてみましょう。

1. 7人グループの身長と体重は表のとおりである。

2. 7人グループの平均身長と平均体重をもとめる。

この文章の中でもとめるものは7人グループの平均身長と平均体重ですから,解答用紙の下の欄に「答え　7人グループの平均身長は○○ cm, 平均体重は○○ kg」とかきます。

平均は，すべての合計を全個数でわることでもとめることができます。この問題の場合，すべての合計は身長および体重を7人分たしあわせることです。全個数は全人数なので7人となります。

それでは，身長と体重の平均をもとめてみましょう。

(a)　身　長

まず，身長の合計は

$$165+172+175+159+183+168+155$$
$$=1177$$

ともとまります。平均身長は，身長の合計を人数でわればよいので,

$$1177 \div 7$$
$$=168.14$$

ともとめることができます。

(b)　体　重

体重の合計は

$$60+82+80+63+95+75+58$$
$$=513$$

ともとまります。平均体重は，体重の合計を人数でわればよいので,

$$513 \div 7$$
$$=73.29$$

ともとめることができます。

答え　7人グループの平均身長は168.14 cm,
平均体重は73.29 kg

もう一題，平均の文章題を考えてみましょう。

ある5つの都市の平均人口をもとめてください。5つの都市それぞれの人口はつぎの表のとおりです。

都　市	人　口 [万人]
A市	34
B市	57
C市	79
D市	61
E市	48

この文章題を解釈するために，問題文から必要な情報だけを箇条書きにしてみましょう。

1. 5つの都市のそれぞれの人口は表のとおりである。

2. 5つの都市の平均人口をもとめる。

この文章の中でもとめるものは5つの都市の平均人口ですから，解答用紙の下の欄に「答え　5つの都市の平均人口は○○万人」とかきます。

5つの都市の全人口は，つぎのようになり，

$$34+57+79+61+48$$
$$=279$$

ともとめることができます。5つの都市の平均人口は全人口を都市数の5でわればよいので,

$$279\div 5$$
$$=55.8$$

ともとめられます。

答え　5つの都市の平均人口は55.8万人

3.4　方程式の問題

ここでは，方程式の問題を考えていきます。この場合にも，いままでと同じように，

・もとめたいものをはっきりさせる

・方程式をたてる

が重要であり，そのためには，

－たし算，ひき算，かけ算，わり算の意味を理解する

－文章から四則演算のどれが適切かをみきわめる

－条件をかきだす

－条件の関係をまとめる

を理解することも必要となります。

まず，つぎの文章題からみていきましょう。

80円の鉛筆をx本買いました。その金額が400円でした。鉛筆を何本買ったでしょうか。

この文章題を解釈するために，問題文から必要な情報だけを箇条書きにしてみましょう。

1. **80円の鉛筆をx本買った。**
2. **80円の鉛筆をx本買ったときの金額が400円だった。**
3. **買った鉛筆の本数をもとめる。**

この文章の中でもとめるものは買った鉛筆の本数ですから，解答用紙の下の欄に「答え　買った鉛筆の本数は○○本」とかきます。

鉛筆という同じものをx本買ったので，その金額は$80 \times x$となります。このときの合計金額が400円でしたので，方程式をたてると

$$80\times x=400$$

となります。両辺を80でわると

$$x=5$$

となります。

答え　買った鉛筆の本数は5本

このように方程式をたてて，もとめることができます。

一方，この文章題の場合には方程式をたてることなく，答えをもとめることもできます。400円から80円の鉛筆という同じものを何本か買ったので，80円の鉛筆の本数への等分割と考えることができます。したがって，

$$400\div 80=5$$

と計算するだけで，方程式をたてることなく，答えをみちびきだすこともできます。

方程式になれるために，つぎの3問の例題をみていきましょう。

ある地点Aから目標地点Bへ自動車で行きました。はじめに時速60 kmで1時間走行し，その後，時速80 kmである時間走りました。一方，電車で向かった場合には，時速100 kmで3時間走りました。自動車が時速80 kmで走行した時間はいくらでしょうか。

この文章題を解釈するために，問題文から必要な情報だけを箇条書きにしてみましょう。

1. **時速60 kmで1時間走行した。**
2. **その後，時速80 kmである時間走行した。**
3. **同じ距離を電車で向かった場合，時速100 kmで3時間走行した。**
4. **自動車が時速80 kmで走行した時間をもとめる。**

この文章の中でもとめるものは自動車が時速80 kmで走行した時間で

すから，解答用紙の下の欄に「答え　自動車が時速 80 km で走行した時間は○○時間」とかきます。

自動車が時速 80km で走行した時間を x とします。自動車と電車が走行した距離は同じであるため，つぎの式がえられます。

$$60 \times 1 + 80 \times x = 100 \times 3$$

この方程式を解くと，

$$60 + 80x = 300$$

$$80x = 240$$

$$x = 3$$

答えは 3 ともとめられます。

答え　自動車が時速 80 km で走行した時間は 3 時間

6 の倍数の連続する 2 つの数をたしあわせたら，その値は 78 になりました。これらの 2 つの数はいくつといくつでしょうか。

この文章題を解釈するために，問題文から必要な情報だけを箇条書きにしてみましょう。

1. **6 の倍数の連続する 2 つの数をたしあわせたら 78 になった。**
2. **6 の倍数である 2 つの数をもとめる。**

この文章の中でもとめるものは 6 の倍数の連続する数ですから，解答用紙の下の欄に「答え　6 の倍数の連続する数は○○と□□」とかきます。

6 の倍数の 1 つを $6x$ とすると，もう 1 つの 6 の倍数の数は $6(x+1)$ となります。これらをたしあわせると，78 になりますから，

$$6x + 6(x+1) = 78$$

という方程式がえられます。この方程式を解くと，

$$6x + 6x + 6 = 78$$

$$12x=72$$

$$x=6$$

と，$x=6$ がもとめられます。

したがって，6の倍数の1つは $6\times6=36$ となります。もう1つの6の倍数は $6(6+1)=42$ となります。

答え　6の倍数の連続する数は36と42

A君の現在の年齢は15才です。A君のお母さんの現在の年齢は41才です。A君のお母さんの年齢が，A君の年齢の2倍になるのは何年後でしょうか。

この文章題を解釈するために，問題文から必要な情報だけを箇条書きにしてみましょう。

1. **A君の現在の年齢は15才である。**
2. **A君のお母さんの現在の年齢は41才である。**
3. **何年後にA君のお母さんの年齢が，A君の年齢の2倍になるかをもとめる。**

この文章の中でもとめるものはA君のお母さんの年齢が，A君の年齢の2倍になる年ですから，解答用紙の下の欄に「答え　A君のお母さんの年齢が，A君の年齢の2倍になるのは○○年後」とかきます。

A君のお母さんの年齢が，A君の年齢の2倍になるまでに年数を x とすると，現在の2人の年齢と，この条件からつぎの方程式がえられます。

$$41+x=2\times(15+x)$$

この方程式を解くと，

$$41+x=30+2x$$

$$x=11$$

方程式の解が11となります。

答え　A 君のお母さんの年齢が，A 君の年齢の 2 倍になるのは 11 年後

3.5　連立方程式の問題

連立方程式とは，いくつかの方程式を 1 組の方程式として考えたものです。そのいくつかの方程式のあいだには関係があり，その関係があることにより，連立方程式を解くことができます。

かんたんに説明すると，連立方程式が解けるための条件は，

方程式の数　＝　もとめたい変数の数

です。連立方程式の中に 2 つの方程式がある場合，もとめたい変数の数は 2 つとなります。3 つの方程式の場合には，変数の数が 3 つとなります。ただし，第 2 章で説明したように，連立方程式の中の方程式のあいだでなんらかの操作を行ったときに，同じ方程式の組みあわせとなった場合には，1 つの方程式は意味をなさないので，方程式の数としてカウントされず，連立方程式を解くことができません。たとえば，

$$3x + y = 5 \quad \cdots\cdots\cdots\cdots\cdots\cdots ①$$
$$9x + 3y = 15 \quad \cdots\cdots\cdots\cdots\cdots ②$$

という連立方程式を考えた場合，①式×3 を計算すると，②式と同じ方程式がえられます。したがって，どちらかの方程式は，あっても意味がなく，

$$3x + y = 5 \quad \cdots\cdots\cdots\cdots\cdots ①$$

のひとつの方程式にまとめることができます。この方程式をみると，2 つの変数があるため，複数の答えの候補があるため，ひとつの答えに定めることができません。

つづいて，連立方程式の解き方にうつります。連立方程式には代表的

なものとして2つの方法があります。ひとつは「代入法」，もうひとつは「加減法」とよばれる方法です。つぎの例題をもとに，計算方法を説明していきます。

$$x + y = 3 \quad \cdots\cdots\cdots\cdots\cdots ①$$
$$3x + 2y = 7 \quad \cdots\cdots\cdots\cdots\cdots ②$$

(a)　代入法

代入法は，どちらかの方程式から，$x=\cdots$もしくは$y=\cdots$という式をみちびいて，その式をもう一方の方程式に代入することで，まず1つの変数の答えをもとめる方法です。上の例題の場合，①式から

$$x=3-y \quad \cdots\cdots\cdots\cdots\cdots ③$$

または

$$y=3-x \quad \cdots\cdots\cdots\cdots\cdots ④$$

がもとめられます。③式を②式に代入すると，

$$3(3-y)+2y=7$$
$$9-3y+2y=7$$
$$-y=-2$$
$$y=2$$

とyがもとめられます。そして，③式に代入すると，

$$x=3-2$$
$$x=1$$

となります。したがって，答えは$x=1$，$y=2$となります。

つぎに，④式を②式に代入すると，

$$3x+2(3-x)=7$$
$$3x+6-2x=7$$
$$x=1$$

と x がもとめられます。そして，④式に代入すると，

$$y=3-1$$

$$y=2$$

となります。したがって，答えは $x=1$，$y=2$ となり，前にもとめた答えと同じです。これが代入法による解き方です。

(b)　加減法

加減法は，どちらかの変数の係数に着目して，その係数を同じ値になるように式を変形して，その後，方程式どうしのたしひきによって，ある変数を消し去ることで,まずひとつの変数の答えをもとめる方法です。上の例題の場合，②式の x の係数は 3 なので，①式を 3 倍します。すると，

$$3x+3y=9 \quad \cdots\cdots\cdots\cdots\cdots⑤$$

⑤式－②式を計算すると，

$$(3x+3y)-(3x+2y)=9-7$$

$$y=2$$

となります。①式に代入すると，

$$x+2=3$$

$$x=1$$

となります。したがって，答えは $x=1$，$y=2$ となります。

つぎに,②式の y の係数に着目してみましょう。y の係数は 2 なので,①式を 2 倍します。すると，

$$2x+2y=6 \quad \cdots\cdots\cdots\cdots\cdots⑥$$

⑥式－②式を計算すると，

$$(2x+2y)-(3x+2y)=6-7$$

$$-x=-1$$

$$x=1$$

となります。①式に代入すると，

$$1+y=3$$

$$y=2$$

となります。したがって，答えは$x=1$，$y=2$となり，前にもとめた答えと同じです。これが加減法による解き方です。

これで連立方程式の基礎がおわかりいただけたと思います。つぎの文章題を例として，連立方程式をたてて，答えをもとめてみましょう。

ある2つの数字xとyがありました。xとyをたしあわせると，その合計は48となり，yからxをひくと，その差は12になりました。xとyはいくらでしょうか。

この文章題を解釈するために，問題文から必要な情報だけを箇条書きにしてみましょう。

1. **xとyをたしあわせると48になる。**
2. **yからxをひくと12になる。**
3. **xとyをもとめる。**

この文章の中でもとめるものはxとyの値ですから，解答用紙の下の欄に「答え　$x=$○○，$y=$○○」とかきます。

xとyをたしあわせると，48になるということから，

$$x+y=48 \quad \cdots\cdots\cdots\cdots\cdots①$$

がみちびけます。つぎにyからxをひくと12になるということから，

$$y-x=12 \quad \cdots\cdots\cdots\cdots\cdots②$$

がみちびけます。

①式＋②式を計算すると，

$$2y=60$$

$$y=30$$

とyがもとまります。したがって，①式から

$$x=48-y$$

となり，したがって，

$$x=48-30$$
$$=18$$

となります。また，②式からも

$$y-x=12$$
$$x=y-12$$

となり，したがって，

$$x=30-12$$
$$=18$$

となります。したがって，

答え　$x=18$，$y=30$

となります。

この解答例では，加減法で解いてみましたが，みなさんで代入法をつかって解いてみて，同じ答えがえられることを確認してください。

つぎの文章題を考えてみましょう。

> 底辺の長さ x[m]，高さ y[m]の四方形がありました。底辺の長さを 5 m 長くし，高さを 3 m 低くすると，四方形の面積は 2 m^2 狭くなりました。一方，底辺の長さを 2 m 短くし，高さを 6 m 高くすると，四方形の面積は 2 m^2 広くなりました。もともとの底辺の長さ x と高さ y はいくらでしょうか。

この文章題を解釈するために，問題文から必要な情報だけを箇条書きにしてみましょう。

1. **底辺の長さ x［m］，高さ y［m］の四方形がある。**
2. **底辺の長さを 5m 長くし，高さを 3m 低くすると，四方形の面積は 2**

m^2 狭くなった。

3. 底辺の長さを 2m 短くし，高さを 6m 高くすると，四方形の面積は 2 m^2 広くなった。

4. もともとの底辺の長さ x と高さ y をもとめる。

この文章の中でもめるものは，もともとの底辺の長さと高さですから，解答用紙の下の欄に「答え　底辺の長さは○○m，高さ○○m」とかきます。

底辺の長さを 5 m 長くし，高さを 3 m 低くすると，四方形の面積が 2 m^2 狭くなったということから，

$$(x+5)\times(y-3)=xy-2 \quad \cdots\cdots\cdots\cdots\cdots ①$$

という式をみちびくことができます。

つぎに，底辺の長さを 2 m 短くし，高さを 6 m 高くすると，四方形の面積が 2 m^2 広くなったということから，

$$(x-2)\times(y+6)=xy+2 \quad \cdots\cdots\cdots\cdots\cdots ②$$

という式をみちびくことができます。両方の式のカッコをはずすと，

$$xy+5y-3x-15=xy-2$$

$$xy-2y+6x-12=xy+2$$

となります。これらを整理すると，

$$-3x+5y=13 \quad \cdots\cdots\cdots\cdots\cdots ③$$

$$6x-2y=14 \quad \cdots\cdots\cdots\cdots\cdots\cdots ④$$

となります。③式×2＋④式を計算すると，

$$8y=40$$

$$y=5$$

④式に代入すると，

$$6x-2\times5=14$$

$$6x=24$$

$$x=4$$

ともとめられます。したがって，

答え　底辺の長さ 6m，高さ 5m

となります。

この問題についても，代入法をつかって解いてみて，同じ答えがえられることを確認してみましょう。

最後に，つぎの文章題を考えてみましょう。

> 2 つの容器 A，B にそれぞれ 300 g，400 g の食塩水が入っています。はじめに，A から 150 g，B から 250 g の食塩水をとりだして，空の容器に入れてかきまぜたら，まぜた食塩水の濃度は 12%になりました。つぎに，のこっている食塩水を，別の空の容器に入れてかきまぜたら，まぜた食塩水の濃度は 10%になりました。もともと容器 A，B に入っていた食塩水の濃度はそれぞれいくらでしょうか。

この文章題を解釈するために，問題文から必要な情報だけを箇条書きにしてみましょう。

1. **2 つの容器 A，B にそれぞれ 300g，400g の食塩水が入っている。**
2. **A から 150g，B から 250g の食塩水をとりだして，空の容器に入れてかきまぜたら，まぜた食塩水の濃度は 12%になった。**
3. **のこっている食塩水を，別の空の容器に入れてかきまぜたら，まぜた食塩水の濃度は 10%になった。**
4. **もともと容器 A，B に入っていた食塩水の濃度をもとめる。**

この文章の中でもとめるものはもともと容器 A，B に入っていた食塩水の濃度ですから，解答用紙の下の欄に「答え　A の容器の濃度は○○%，B の容器の濃度は○○%」とかきます。

A，B に入っている食塩水の濃度をそれぞれ x %，y %とします。はじめに，A，B からとりだしてかきまぜた食塩水（A から 150 g，B から 250

g，まぜてできた食塩水の濃度12%）について考えると，

$$\frac{x}{100}\times150+\frac{y}{100}\times250=\frac{12}{100}(150+250) \quad \cdots\cdots\cdots\cdots\cdots①$$

がえられます。また，のこった食塩水をかきまぜてできた食塩水（Aから150 g，Bから150 g，まぜてできた食塩水の濃度10 %）について考えると，

$$\frac{x}{100}\times150+\frac{y}{100}\times150=\frac{10}{100}(150+150) \quad \cdots\cdots\cdots\cdots\cdots①$$

がえられます。両式を整理すると

$$1.5x+2.5y=48 \quad \cdots\cdots\cdots\cdots\cdots③$$

$$1.5x+1.5y=30 \quad \cdots\cdots\cdots\cdots\cdots④$$

となります。③式－④式を計算すると，

$$y=18$$

がもとめられます。④式に代入すると，

$$1.5x+1.5\times18=30$$

$$1.5x+27=30$$

$$1.5x=3$$

$$x=2$$

ともとめられます。したがって，

答え　Aの容器の濃度は2%，Bの容器の濃度は18%

となります。

第 3 章の問題

【問題１】　300 g で 400 円のお肉(A)と，250 g で 300 円のお肉(B)が売られていました。それぞれのお肉について 1 g あたりの価格をもとめなさい。また，どちらのお肉がお買い得かを答えなさい。

【問題２】　2 つの食塩水(A, B)がありました。A の食塩水は濃度が 16%で質量が 100 g でした。B の食塩水は濃度が 8%で質量が 300 g でした。A と B の食塩水をあわせて，よくかきまぜたときにできる食塩水の濃度をもとめなさい。

【問題３】　連続する 3 つの数字がありました。これらの 3 つの数字をたしあわせると，合計が 45 になりました。これらの連続する 3 つの数字をもとめなさい。

【問題４】　チョコレートを何人かの子どもにわけあたえました。1 人に 5 個ずつわけると 32 個あまり，1 人に 9 個ずつわけると 12 個たりませんでした。子どもの人数とチョコレートの数をもとめなさい。

【問題５】　白い石と黒い石があり，それぞれの石の数をあわせると 60 個ありました。また，白い石の数は黒い石の数の 2 倍ありました。白い石と黒い石のそれぞれの数をもとめなさい。

【問題６】　ある動物園の昨年度の入場者数は 250 万人でした。今年度の入場者数は，昨年度とくらべて，子どもが 15%増えて，大人が 10%減り，全体で 10 万人増えました。昨年度の子ども，大人の入場者数をそれぞれもとめなさい。

トピック 2　笑う門には福きたる

この本の著者のひとりはかつての職場を退職して，非常勤講師をしばらくの間，続けていましたが，さすがに年齢とともに，若者のうけの悪さを肌で感じるようになりました。のこされた人生で，何か新しいことに挑戦したいと思っていたところ，友人に誘われて大道芸に首を突っ込むことになりました。

「ガマの油売り」とか「南京玉すだれ」などといった日本古来の伝統芸能の中で，大道易学「六魔(ろくま)」という易者の口上を，神社や駅前で通りがかりの人を相手に語りかけて楽しんでいます。お疑いの方は，芸名である黒駒瓢箪(くろこまのひょうたん)から検索していただけると，動画をみることができます。運勢を占うというが，開運をよびこむには，心を開いて前向きにものごとに対処することが重要であると思います。

茨城県は筑波山のふもとに住んでいる著者は，毎朝散歩することを日課にしています。あるとき，農家の庭先で年配の奥さんが杖をたよりにお花を鑑賞しているので，「奥さん，おはようございます。いつもお元気ですね」というと，ニコッとした笑顔で応えてくれました。そのときにみせる奥さんの笑顔は，実にいい顔なのです。昔から「笑う門には福きたる」といって，心が穏やかならば，人相はよくなり，運勢もよくなるのです。運勢がよくなれば，人相もよくなり，末端である手相もよくなるのです。すなわち，心のもち方しだいで吉にもなれば，凶にもなるのです。ところが，世の中には自分の手で開運を逃してしまうことが多いのです。

ある家の前を通りがかると，ガレージからバックで車を出して，おでかけになる年配の旦那さんにでくわしました。左右を確認して「オーライ，オーライ」とガイドしますと，半分ほど車を路上にだして停まってしまいました。「おかしいな」と車に近づいて行くと，運転席から旦那さんが降りてきました。そして，なんと「あの一，邪魔なんですけど」と注意されてしまいました。

今でも散歩を続けていますが，車を路地から道路にだそうとしている奥さん連中に「オーライ，オーライ」とガイドしてやると，中には車を止めて窓を開けて礼をのべておでかけになる人もいます。こんなささいなことから，人はつながっていくように思いますが。

第4章

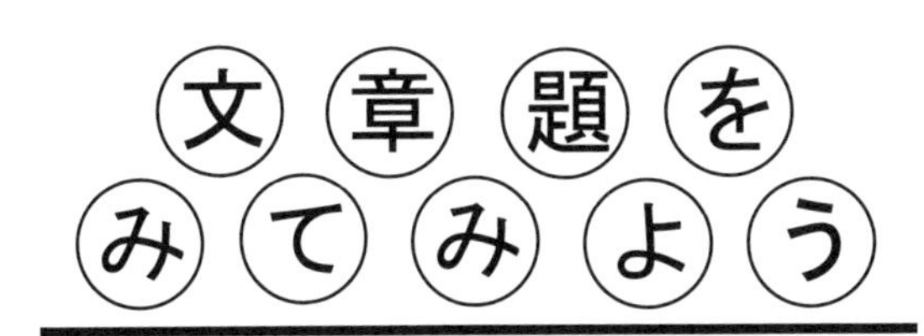

これまでの章で，文章題とはどのようなものであり，それを解く方法にはどのような方法があり，どのような問題ならば，ただ一つの答えに到達できるかといったことを勉強してきました。

いままでなんどものべたように，文章題を解釈するためには，問題から必要な情報をぬきだして箇条書きにします。そして，最後にもとめるものを明らかにするために，解答用紙の下の欄に，たとえば「答え ○○までの時間○○分」のようにかきます。

実は，ここまでの作業がきちんとできていれば，問題は解けたといってよいと思います。条件となる情報をかきだすことができなければ，その問題を解くことはできません。もし，できたとしたら，条件文にはない条件をあなたが意図的につかったのです。早い話が，ズルをしたことにほかなりません。

このように，あたりまえの作業をきちんと実行することは，仕事をする上で大切なことです。私たちの思惑とでてきた結果がまるでちがうことは日常よくあることです。そのとき，どこでまちがえたのかを調べるには，いままでのノート(記録)を調べることからはじめます。その作業は文章題を解く作業に似ています。そして，欲をいうならば，なるべく条件文のミスを少なくすることを目標にして，毎日の生活を送っています。

この章では，いろいろな角度から文章題を選んで検討し，文章題になれてもらうことにします。

そこで，本章でとりあげる文章題をかんたんに整理しておきましょう。

・割合・比の問題（4.1 節）　　・比例・反比例の問題（4.2 節）

・距離・速さ・時間の問題（4.3 節）　・和と差の問題（4.4 節）
・過不足の問題（4.5 節）

中学入試の算数や高校入試の数学では，鶴亀算のようなあきらかに小中学生が解くのに，やり方を覚えなければ解くことができない問題がたくさんあります。しかし，問題文から必要な情報を読みとることさえできれば，問題の解き方を覚えることは，無意味なものです。私たちが日常生活を送る上で必要なことは，与えられた公式に数字を代入することではなく，何か問題が起きたときに，自分の頭で考えて解決することです。

与えられた問題の解き方だけを追いもとめても，マニュアル通りの答えしかえることができなくなります。文章題を通して論理的な思考を身につけることが，社会で生きていく上で，大切なことです。

それでは，つぎの問題から考えていきましょう。

4.1　割合・比の問題

まず，割合・比の問題についての文章題です。

> クラスの生徒全員で体育祭の T シャツをつくることにしました。T シャツをつくるための値段に 400 円をたすと 1 つの絵をプリントすることができ，700 円をたすと 2 つの絵をプリントすることができます。絵をプリントしない生徒は 15 人おり，残りの生徒は 1 つの絵または 2 つの絵のプリントを希望し，プリントの数は 27 個でした。クラス全員の T シャツの代金とプリント代の合計金額が 44000 円になるところを，絵のプリント代をのぞく T シャツの代金が 10%引きになったので，実際の合計金額が 40600 円になりました。
>
> クラスの生徒の人数をもとめなさい。

それでは，この文章題を解釈するために，問題から必要な情報だけをぬきだして箇条書きにしてみましょう。

1. Ｔシャツをつくるための値段に400円をたすと，1つの絵がプリントできる。
2. Ｔシャツをつくるための値段に700円をたすと，2つの絵がプリントできる。
3. 絵をプリントしない生徒は15人である。
4. プリントの絵の合計は27個である。
5. Ｔシャツの代金とプリント代の合計金額は44000円かかる。
6. Ｔシャツ代が10%引きになったので，合計金額は40600円になった。
7. 生徒の人数をもとめる。

この7点が，必要な情報です。

文章題で大切なことは，「わかっていることだけでうめていく」ということです。箇条書きにした1から6は文章からぬき出した条件で，7はもとめる答えです。くり返しになりますが，文章題はこれらの条件から数式をつかった作文をつくることなのです。

この文章の中でもとめるものはクラスの生徒の人数です。ですから，解答用紙の下の欄に「クラスの生徒の人数は○○人」とかきます。

マラソンをするときに，「ゴールまでの所要時間は○○分で走る」という目標をたてなければ，どのペースで走ってよいのかわかりません。文章題も「目標」をかかないと，たいていの人は「そこ」にたどりつくまえに疲れてしまい，自分がなにをやっているのかがわからなくなってしまいます。

さて，問題にとりかかりましょう。Ｔシャツの代金の10%分が

$$44000\ [円]-40600\ [円]=3400\ [円]$$

にあたります。はじめのＴシャツの値段をx円とすると，

$$x[円]\times\frac{10}{100}=3400[円]$$

という式がなりたちます。両辺を 100 倍して，

$$10x=340000$$

両辺を 10 でわって，

$$x=34000$$

ですから，10%引きの前は 34000 [円] になります。したがって，絵のプリント代の合計は，

$$44000\,[円]-34000\,[円]=10000\,[円]$$

です。ここで，絵を 1 つだけプリントする生徒の人数を x 人，絵を 2 つプリントする生徒の人数を y 人とすると，プリントの数の合計は，

$$x+2y=27 \quad \cdots\cdots\cdots\cdots\cdots ①$$

また，1 つのプリントの代金が 400 円，2 つのプリントの代金が 700 円より，

$$400x+700y=10000 \quad \cdots\cdots\cdots\cdots\cdots\cdots ②$$

とかけます。①式，②式の連立方程式より，①式を 400 倍すると，

$$400x+800y=10800 \quad \cdots\cdots\cdots\cdots\cdots\cdots ①'$$

①′ 式から②式をひいて，

$$100y=800$$

両辺を 100 でわって，

$$y=8\,[人]$$

これを①式へ代入して

$$x+2\times8=27$$

$$x=11\,[人]$$

よって，クラスの生徒の合計人数は，プリントを希望しない生徒が 15 人，1 つの絵をプリントする生徒が 11 人，2 つの絵をプリントする生徒が 8 人なので，

$$15+11+8=34\ [人]$$

となり，答えは

答え　クラスの生徒の人数は 34 人

となります。

このように，「わかりきっている数字」と「あたりまえのすじがき」で式をならべていって，最後に「最初にかいた答え」の空白をうめるのが文章題の解き方です。

ですから，文章中から必要な情報をぬきだし，式をたてられれば決して難しいことはありません。このルールさえ守れば，文章題は誰でも解くことができるのです。

それでは，つぎの問題にうつりましょう。

瑞穂(みずほ)さんは毎月 20000 円をアルバイトでかせいでいます。1 月から貯金をはじめて，その年の 12 月まで毎月同じ金額を貯金してコートを買う計画をしました。しかし，ある月にこのままでは 1000 円不足することに気づき，残りの何か月間は貯金額を 250 円多くしました。さらに，買う直前にコートの値段が 10 %上がったため，12 月分のアルバイト代と，さらに友だちに 10050 円を借りて，コートを買うことができました。コートの値段はいくらですか。

この文章題を解釈するために，問題から必要な情報だけをぬきだして箇条書きにしてみましょう。

1. **瑞穂さんは，毎月 20000 円をかせいでいる。**
2. **1 月から 12 月まで毎月同じ金額を貯金する計画をたてた。**
3. **ある月に 1000 円不足することに気づいた。**
4. **残りの何か月間は貯金を 250 円多くした。**
5. **買う直前にコートの値段が 10%上がった。**

6. これまでのアルバイトで貯めたお金，12 月分のアルバイト代と10050 円を借りてコートを買った。

7. コートの値段をもとめる。

この文章の中でもとめるものはコートの値段ですから，解答用紙の下の欄に「コートの値段は○○円」とかきます。

250 円多く貯金したのは，1000 円不足するのをおぎなうための期間なので，

$$1000\ [円] \div 250\ [円] = 4\ [か月]$$

よって，9 月から 12 月の 4 か月間は，250 円多く貯金したことになります。

最初の貯金額を x 円とすると，1 年間の貯金額は 1 月から 8 月までの 8 か月間は，$8\times x$ 円，9 月から 12 月までの 4 か月間は，250 円多く貯金したので，$(x+250)\times 4$ になるので，1 年間の貯金額は

$$8x+4(x+250)\ [円]$$

となります。

また，コートの代金は，1 月から 11 月までは貯金額，12 月はアルバイト代と，友だちから借りた 10050 円をたしたものなので，1 月から 8 月は $8x$ [円]，9 月から 11 月は $3(x+250)$ となり，

$$8x+3(x+250)+20000+10050 \quad \cdots\cdots\cdots\cdots\cdots\cdots ①$$

とかくことができます。

ここで，コートの 11 月までの価格を y 円とすると，買う直前に 10% 値上げしたので，買ったコートの値段は $1.1y$ 円となります。したがって，

$$8x+4(x+250) : 8x+3(x+250)+20000+10050 = y : 1.1y$$

となり，内項の積と外項の積が等しいことから，

$$\{8x+3(x+250)+20000+10050\}\times y = \{8x+4(x+250)\}\times 1.1y$$

両辺を y でわって

$$8x+3(x+250)+20000+10050 = \{8x+4(x+250)\}\times 1.1$$

カッコをはずして

$$8x+3x+750+20000+10050=13.2x+1100$$

文字の項を左辺に，定数項を右辺に移項して，

$$8x+3x-13.2x=1100-750-20000-10050$$

計算して

$$-2.2x=-29700$$

$$x=13500\ [円]$$

これを①式に代入して，

$$8\times13500+3\times(13500+250)+20000+10050=179300\ [円]$$

したがって，

答え　コートの値段は 179300 円

となります。

つぎの問題にうつりましょう。

> 同じ大きさの箱がいくつかあります。この 1 つの箱の中にみかんを 25 個ずつ入れると，すべての箱に入りきれずに，みかんが 5 個余ります。この 1 つの箱の中にみかんを 28 個ずつ入れると，みかんが入っていない箱が 1 つでき，みかんが 7 個しか入っていない箱も 1 つあります。みかんの数をもとめなさい。

この文章題を解釈するために，問題文から必要な情報をぬきだして箇

条書きにしてみましょう。

1. みかんを1箱に25個ずつ入れると5個余る。

2. みかんを1箱に28個ずつ入れると，みかんが入っていない箱が1つでき，みかんが7個しか入っていない箱も1つある。

3. みかんの数をもとめる。

この文章の中でもとめるものは，みかんの数なので，解答用紙の下の欄に「答え　みかんの数は○○個」とかきます。

箱の数をx個とすると，みかんを25個ずつ箱に入れて，さらに入りきれずに5個余るので，みかんの数は

$$25x+5$$

とあらわせます。

また，みかんが 28 個すべて入っている箱は，何も入っていない箱 1 つと，7個しか入っていない箱1つ，合計2つをのぞいた

$$x-2 \text{個}$$

になります。このとき，みかんの数は

$$28(x-2)+7$$

とあらわせます。

みかんの数である$25x+5$と$28(x-2)+7$は等しいので，

$$25x+5=28(x-2)+7$$

カッコをはずして

$$25x+5=28x-56+7$$

文字の項を左辺，定数項を右辺に移項して，

$$25x-28x=-56+7-5$$

整理して

$$-3x=-54$$

両辺を-3でわって

$$x=18$$

となります。みかんの数は $25x+5$ とあらわせるため，もとめた x の値を代入すると，

$$25\times 18+5=455[個]$$

したがって，

答え　みかんの数は 455 個

となります。

> 正志（まさし）さんの高校では，3 年生の理科の授業を生物，化学，物理から 1 科目を選択します。2 年生 410 人に対して，5 月と 10 月に選択の希望調査を行ったところ，生物は 5 月より 10 月のほうが 40% へりました。化学は 5 月と 10 月の人数比が 1 : 2 になり，物理は 5 月より 10 月のほうが 25%ふえて 100 人になりました。5 月の生物と化学をあわせた選択希望者数と 10 月の化学の選択希望者数はそれぞれ何人ですか。

この文章題を解くために，問題文から必要な情報をぬきだして，箇条書きにしてみましょう。

1. **2 年生が 410 人いる。**
2. **生物の希望者は，5 月より 10 月のほうが 40%へった。**
3. **化学の希望者は，5 月と 10 月の人数比が 1 : 2 になった。**
4. **物理の希望者は，5 月より 10 月のほうが 25%ふえて 100 人になった。**
5. **5 月の生物と化学をあわせた選択希望者数と，10 月の化学の選択希望者数をもとめる。**

この文章題の中でもとめるものは，5 月の生物と化学をあわせた選択希望者数と，10 月の化学の選択希望者数ですから，解答用紙の下の欄に「答え　5 月の生物と化学をあわせた選択希望者数は○○人，10 月の化学の選択希望者数は□□人」とかきます。

5月の生物の選択希望者数を x 人，5月の化学の選択希望者数を y 人，5月の物理の選択希望者数を z 人とします。10月の物理の選択希望者数は，25%ふえたので，$1.25z$ 人となります。その数が100人いるので，

$$1.25z=100$$

となり，

$$z=80$$

となります。

2年生は410人いるので，5月の物理の選択希望者数以外，すなわち生物と化学の選択希望者数は $410-80=330$ 人となります。ここで，

$$x+y=330 \quad \cdots\cdots\cdots\cdots\cdots ①$$

がなりたちます。また，生物の選択希望者数は，10月のほうが40%へったので，10月の生物の選択希望者数は，$0.6x$ 人とあらわすことができ，10月の化学の選択希望者数は，5月の2倍になったので，$2y$ 人とかけます。この2科目を選択した希望者数の人数は，2年生の数410人から物理選択希望者100人をひいたものと等しいので，

$$0.6x+2y=410-100 \quad \cdots\cdots\cdots\cdots\cdots ②$$

になります。①式を2倍して

$$2x+2y=660 \quad \cdots\cdots\cdots\cdots\cdots ①'$$

①′式から②式をひいて，

$$1.4x=350$$

$$x=250$$

これを①式に代入して，

$$250+y=330$$
$$y=80$$

となります。10 月の化学の選択希望者数は，5 月の 2 倍なので，80×2＝160 人となります。したがって，

答え　5 月の生物と化学をあわせた選択希望者数は 330 人，
10 月の化学の選択希望者数は 160 人

となります。

4.2　比例・反比例の問題

人生は，つらいものだと考えて悲観する人たちの後がたえません。しかし，「苦労をした分だけ晩年楽しみもたくさんある」，そう力説したのはかつての恩師(著者のひとり)でした。人生の苦労と楽しみ(快楽)は比例の関係にあるのかもしれません。一方，若いうちに楽をしすぎると反比例のように，のちに苦労をするのかもしれません。文章題を解くのも同じです。楽をして正解にたどりつこうとしても結局，まわり道をしてなかなかたどりつくことができないのです。

ここでは，比例・反比例の問題についてみていくことにしましょう。

> ある大学の野球部の人数は 40 人で，1 年間の野球部の活動日は 323 日です。この部では毎日，1 食は部で部員が料理をつくります。年 3 回の全員でつくる日を除いて，毎日の料理当番の人数および各部員の 1 年間の当番回数をそれぞれ等しくなるようにしたいと思います。
>
> 1 日の当番人数を 6 人または 8 人とするとき，1 人が 1 年間で行う料理当番の回数はそれぞれの当番人数に対して何回ずつでしょうか。

この文章題を解くために問題文から必要な情報を箇条書きにしてみましょう。

１．野球部の人数は 40 人である。

２．１年間の部の活動日は 323 日である。

３．年３回は全員で料理をする。

４．１日の当番人数を６人または８人とする。

５．１年間の１人あたりの料理当番の回数をもとめる。

この文章の中でもとめるものは，1 年間の 1 人あたりの料理当番の回数ですから，解答用紙の下の欄に「答え 1 年間の 1 人あたりの料理当番の回数は○○回」とかきます。

毎日の料理当番の人数を x 人とすると，1 年間に料理を行う日数は(323－3)日ですから，1 年間に料理を行う人数は $320x$ 人となります。また，1 人あたり 1 年間に y 回料理当番を担当すると，のべ人数で $40y$ 人とあらわすことができます。したがって，

$$320x=40y$$

となり，整理すると，

$$y=8x$$

とかくことができます。ここで，1 回の料理当番の人数を 6 人とすると，

$$y=8\times6=48 \text{ 回}$$

同様に，1 回の料理当番の人数を 8 人とすると，

$$y=8\times8=64 \text{ 回}$$

となります。よって，

答え　1 回の料理当番の人数が 6 人のとき，
1 人あたり 1 年間で 48 回行う
1 回の料理当番の人数が 8 人のとき，
1 人あたり 1 年間で 64 回行う

となります。

つぎの問題を考えてみましょう。

<table><tr><td>60ℓの水が入った水そうがあります。この水そうに一定の割合で水を入れながらポンプを何台かつかって水をくみだします。6台のポンプをつかうと水そうは10分で空になります。8台のポンプを使うと水そうは6分で空になります。15台のポンプを使うと水そうは何分何秒で空になりますか。ただし，どのポンプも同じ割合で水をくみだすものとします。</td></tr></table>

この問題を解くために，問題文から必要な情報をぬきだして，箇条書きにしてみましょう。

1．60ℓの水が入った水そうがある。

2．6台のポンプをつかうと10分で空になる。

3．8台のポンプをつかうと6分で空になる。

4．15台のポンプをつかったときに空になる時間をもとめる。

この文章の中でもとめるものは，15台のポンプをつかったときに空になる時間ですから，解答用紙の下の欄に「答え 15台のポンプをつかったときに空になる時間は，○分○秒」とかきます。

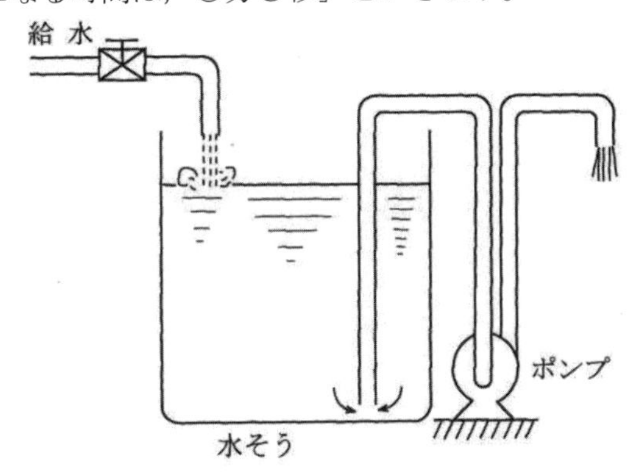

まず，1つのポンプが1分間にくみ出す量と，1分間に水そうに外から加える量をもとめます。1台のポンプが1分間にくみだす水の量を x [ℓ]

とすると，6台のポンプが水をくみ出す量は，$6x$ [ℓ]とかくことができます。それを10分でくみ出すので，10分間でくみ出す水の量は，

$$6x \times 10 \quad [\ell]$$

となります。

また，1分間に水そうに入れる水の量を y [ℓ/分]とすると，10分間に入れた水の量は $10y$ [ℓ]となります。はじめに水そうに60 ℓ入っているため，10分間に水そうに入る水の総量は，

$$60 + 10y \ [\ell]$$

とかけます。ですから，

$$6x \times 10 = 60 + 10y$$

とかけ，

$$60x = 60 + 10y$$

両辺を10でわって

$$6x = 6 + y \quad \cdots\cdots\cdots\cdots\cdots\cdots ①$$

となります。また，8台のポンプをつかって6分で空にすることができるので，6分間で空になる量は，

$$8x \times 6 \ [\ell]$$

とかけます。そのとき水そうに入れる水の量は，6分間水を入れ続けるので，$6y$ [ℓ]となり，6分間に水そうに入っていた水の総量は，$60+6y$ [ℓ]とあらわせます。よって

$$8x \times 6 = 60 + 6y$$

左辺をかけて，

$$48x = 60 + 6y$$

両辺を6でわって

$$8x = 10 + y \quad \cdots\cdots\cdots\cdots\cdots ②$$

となります。

①式，②式の連立方程式を解くと，②式－①式より，

$$2x=4$$

$$x=2$$

よって，1 分間にくみだす水の量は 2 ℓとなります。また，x を①式に代入して，

$$6\times 2=6+y$$

$$y=6$$

となり，1 分間に 6ℓ入れていることになります。

ここで，15 台のポンプを使うときにくみだす時間を t [分]とします。すると，1 台のポンプが 1 分間にくみだす水の量が 2 [ℓ]なので，15 台の場合

$$15\times 2\times t\ [\ell]$$

くみだすことになります。

一方，水そうに入っている水の総量は，1 分間で 6 ℓ入れているので，t [分]ならば，$6t$ [ℓ]になり，はじめに 60 ℓ入っているので，

$$60+6t\ [\ell]$$

入っていることになりますから，

$$15\times 2\times t=60+6t$$

とかけます。よって，

$$30t=60+6t$$

$6t$ を移項して

$$24t=60$$

$$t=2.5\ [分]$$

2.5 分は，2 分 30 秒なので，

答え　15 台のポンプをつかったときにかかる時間は 2 分 30 秒となります。

つぎの問題を考えてみましょう。

図にしめす円ばん A, B, C の半径はそれぞれ 10 cm, 1.5 cm, 2.5 cm です。円ばん A から円ばん B に回転が伝わるとき，円ばん B がすべるので，円ばん B の回転数は 30%少なくなります。円ばん B から円ばん C に回転が伝わるときも，円ばん C がすべるので，円ばん C の回転数は 25%少なくなります。円ばん A を時計まわりに 150 回転させたとき，円ばん C の回転数をもとめなさい。

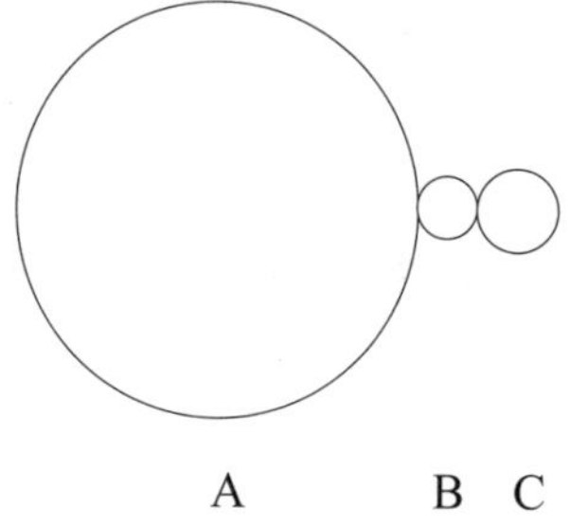

この問題を解くために，問題文から必要な情報をぬきだして，箇条書きにしてみましょう。

1. 円ばん A の半径は 10 ㎝, 円ばん B の半径は 1.5 ㎝, 円ばん C の半径は 2.5 ㎝である。
2. 円ばん A から円ばん B に回転が伝わるとき，回転数は 30%少なくなる。
3. 円ばん B から円ばん C に回転が伝わるとき，回転数は 25%少なくなる。
4. 円ばん A を 150 回転させる。
5. 円ばん C の回転数をもとめる。

この文章の中でもとめるものは，円ばん C の回転数ですから，解答用紙の下の欄に「答え　円ばん C の回転数は○○回転」とかきます。

円ばんが 1 回転したとき，その回転した道のりは円周の長さとなります。N 回転したとき，円周の長さの N 倍だけ回転したことになります。円ばんと円ばんとが接触して回転を伝えるとき，すべりがなければ円周の長さと回転数の積は一定となります。

円ばん B の回転数を x 回とします。円周は直径×円周率より，円周率

を π とすると，円ばんAの半径は 10 cm，円ばんB の半径は 1.5 cm なので，円ばんAの円周は $2\times10\times\pi$，円ばんBの円周は，$2\times1.5\times\pi$ となります。

円ばんAから円ばんBに回転が伝わるとき，回転数が 30 %少なくなりますから，70 %伝わることになります。円ばんAを 150 回転させるので，

$$2\times10\times\pi\times150\times0.7=2\times1.5\times\pi\times x$$

がなりたちます。

両辺を整理して，

$$2100\pi=3\pi x$$

左辺と右辺を逆にして，両辺を 3π でわると，

$$x=700$$

となります。また，円ばんCの回転数を y 回とします。円ばんBの円周 3π に回転数 700 回をかけ，それが円ばんCに伝わるとき，回転数が 25 %少なくなるから，75 %伝わります。

円ばんCの円周は $2\times2.5\times\pi$ ですから，

$$3\pi\times700\times0.75=2\times2.5\times\pi\times y$$

がなりたちます。

両辺を整理して，

$$1575\pi=5\pi x$$

左辺と右辺を逆にして，両辺を 5π でわると，

$$y=315$$

となります。

よって，

答え　円ばんCの回転数は 315 回転

となります。

つぎに，比例・反比例の応用として，2 つのともなって変わる量の問題を解いてみましょう。

良子さんのもつ灯油(石油)ストーブには，「強」「中」「弱」のスイッチがあり，どの場合も使用した時間によって灯油を消費します。灯油を2ℓ入れた状態でスイッチを「強」にしてもやし始め，2時間後，灯油の残りが 1ℓになったところで「中」に切りかえ，さらに 2 時間たつと残りが 500 mℓになりました。そして，「弱」にするとそこから4時間後に灯油をつかいきりました。

(1) 灯油を 2ℓ入れた状態から，ずっと「強」で使い続けると何時間で灯油をつかいきりますか。

(2) 灯油を 4ℓ入れた状態から，スイッチを「中」で 2 時間使いました。そのあと，スイッチを「弱」に切りかえると，そこから何時間後に灯油をつかいきりますか。

この問題を解くために，問題文から必要な情報をぬきだして，箇条書きにしてみましょう。

1. **灯油を 2ℓ入れた状態で「強」でもやし，2 時間後，1ℓになったところで「中」にかえる。**
2. **さらに 2 時間たつと，のこり 500 mℓになった。**
3. **そのあと，「弱」にすると，4 時間後に灯油をつかいきった。**

さらに(1)では，

4. **灯油を 2ℓ入れた状態で「強」で使い続けたときの，灯油を使いきった時間をもとめる。**

また(2)では，

5. **灯油を 4ℓ入れた状態で「中」で 2 時間つかった。**
6. **「弱」に切りかえてからつかいきった時間をもとめる。**

この文章の中でもとめるものは, (1)では, 灯油を 2ℓ入れた状態で「強」でつかいきった時間, (2)では, 「弱」に切りかえてからつかいきった時間ですから, 解答用紙の下の欄に(1)「答え　「強」でつかいきった時間○○時間」, (2)「「弱」に切りかえてからつかいきった時間□□時間」とかきます。

いま, スイッチの状態によって, 灯油の量がどのようにへっていくのかを調べるために, グラフを下にしめします。

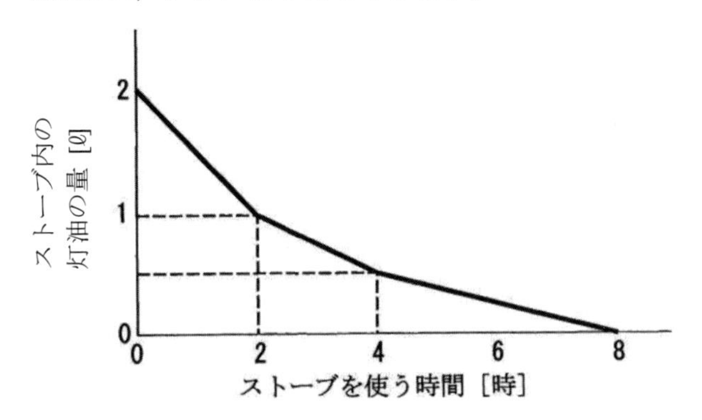

(1)「強」のとき

「強」のとき, 2 時間で 2ℓから 1ℓにへっているので, 1ℓ消費することがわかります。したがって, 1 時間あたり 0.5ℓ消費するので, 灯油を 2ℓ入れた状態で使い続けると,

2 [ℓ]÷0.5 [ℓ／時間]＝4 [時間]

となり,

答え　「強」でつかいきった時間は 4 時間

になります。

(2)「中」のとき

「中」でつかうと, 2 時間で 500 mℓ (0.5ℓ)消費するので, 1 時間では

0.5 [ℓ]÷2 [時間]＝0.25 [ℓ／時間]

消費することになります。したがって, 石油を 4ℓ入れた状態からスイッ

チを「中」で2時間つかったときの石油ののこりは

4 [ℓ]－0.25 [ℓ／時間]×2 [時間]＝3.5 [ℓ]

となります。そのあと，「弱」でつかいつづけます。「弱」でつかうと，4時間で0.5ℓ (500 mℓ)消費するので，

0.5 [ℓ]÷4 [時間]＝0.125 [ℓ／時間]

だけ1時間あたり灯油を消費します。したがって，「弱」に切りかえてから，灯油をつかいきるまでの時間は，

3.5 [ℓ]÷0.125 [ℓ／時間]＝28 [時間]

となり，

答え　「弱」でつかいきった時間28時間

となります。

4.3　距離・速さ・時間の問題

距離・速さ・時間の問題は，多くの小学生がはじめにつまずく問題です。小学生のころ，「み」・「は」・「じ」とかいって，「み」は「みちのり」，「は」は「はやさ」，「じ」は「じかん」とかいて記憶したものです。

速さの単位は，一般的に「m/s」をつかいますが，単位の意味がわかると，いちいち「み」・「は」・「じ」とかかなくても理解することができま

「み」をかくすと「は」と「じ」がのこるので，「みちのり」をもとめるには「はやさ」×「じかん」になります。

距離・速さ・時間の問題

す。「m/s」は「メートル毎秒」とよみ，「1 秒間に何 m 進んだか」ということをあらわします。「/」という記号は「わる」という意味ですから，「m」÷「s」すなわち，速さは「距離÷時間」となるのです。

単位についてのくわしい話は拙著『よくわかる数学記号－力学にでてくる量と単位－(パワー社)』を参考にしてください。

では，つぎの問題から速さの問題について考えていきましょう。

> 明(あきら)さんは毎日決まった時刻に家をでて学校へ行きます。バスを利用すると，7 時 39 分に学校につきますが，天気のよい日は歩くこともあり，そのときは 8 時 30 分につきます。
>
> バスの速さを時速 48 km, バスの待ち時間を 5 分, 歩く分速を 100 m としたときの，明さんが毎日家をでる時刻をもとめなさい。
>
> なお，家の目の前にバス停があるため，家からバス停までにかかる時間は考えなくてよいものとします。

この文章題を解くために，文章中から必要な情報をぬきだして箇条書きにしてみましょう。

1. 明さんは，毎日決まった時刻に家をでる。
2. バスを利用すると 7 時 39 分に学校につく。
3. 歩くと 8 時 30 分に学校につく。
4. バスの速さは時速 48km である。
5. バスの待ち時間は 5 分である。
6. 歩くときの分速は 100m である。
7. 明さんが家をでる時刻をもとめる。

この文章の中でもとめるものは，明さんが家をでる時刻です。ですから，解答用紙の下の欄に「答え　明さんが家をでる時刻は○○時○○分」とかきます。

家から学校までの距離を x [m]とおきます。家から学校までバスを利用した場合にかかる時間を考えると，まず，単位をあわせるためにバスの時速を分速になおします。すると，分速は 800 m となり，時間は距離÷速さであり，かかった時間は待ち時間の 5 分をたして，

x [m]÷800 [m/分]＋5 [分]＝かかった時間

とかけます。同様に家から学校まで歩いた場合にかかる時間は,

x [m]÷100 [m/分]＝歩いた場合にかかる時間　……①

とあらわせます。

バスを利用した場合と歩いた場合にかかる時間の差は 51 分間なので,

$$\frac{x}{100}-\left(\frac{x}{800}+5\right)=51$$

となり，両辺に 800 をかけて,

$$8x-800\left(\frac{x}{800}+5\right)=40800$$

カッコをはずして,

$$8x-x-4000=40800$$

整理して,

$$7x=44800$$

$$x=6400$$

すなわち，家から学校まで 6400 [m]の距離があることがわかります。これを①式に代入して

6400÷100＝64 [分]

よって，徒歩の場合，8 時 30 分の 64 分前に家をでることになるので,

答え　明さんが家をでる時刻は 7 時 26 分

となります。

では，つぎの問題を考えていきましょう。

> 図のような円ばんがあります。円ばんの中心のOのまわりを時計まわりにそれぞれ一定の速さで回転し続ける3本の針があります。針が1回転するのにかかる時間は短い針から20分，30分，40分です。あるとき，3本の針がすべて重なりました。つぎに3本の針が同じ位置ですべて重なるのは何分後ですか。
>
> 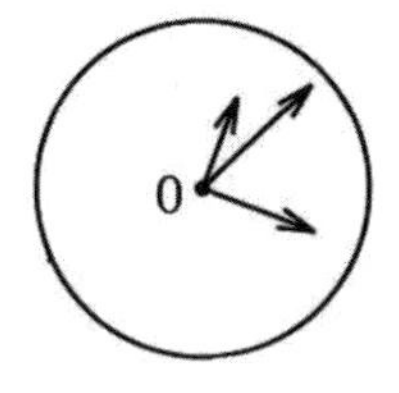
>

この文章題を解くために，文章中から必要な情報をぬきだして箇条書きにしてみましょう。

1. **円ばんに一定の速さで回転する3本の針がある。**
2. **短い針が円ばんを1回転するのにかかる時間は20分である。**
3. **つぎに長い針が円ばんを1回転するのにかかる時間は30分である。**
4. **一番長い針が円ばんを1回転するのにかかる時間は40分である。**
5. **あるとき3本の針がすべて重なった。**
6. **つぎに3本の針が同じ位置ですべて重なる時間をもとめる。**

この文章の中でもとめるものは，すべての針が重なる時間ですから，解答用紙の下の欄に「答え　3 本の針が同じ位置で重なる時間は○○分後」とかきます。

短い針がつぎに長い針と一番長い針に同じ位置で重なるまでに円ばんを回転する回数を x [回]，つぎに長い針が短い針と一番長い針に同じ位置で重なるまでに円ばんを回転する回数を y [回]，一番長い針が短い針とつぎに長い針に同じ位置で重なるまでに円ばんを回転する回数を z [回]とします。

短い針は，円ばんを1回転するの20分かかるので，x 回回転すると，$20x$ [分]かかることになります。つぎに長い針と一番長い針が1回転するのに，それぞれ30分，40分かかるので，y 回，z 回回転すると，$30y$ [分]，

$40z$ [分]かかります。

３本の針が重なるとき，それらの時間は同じになるので

$$20x=30y=40z \quad \cdots\cdots\cdots \quad ①$$

とかくことができます。

同じ位置につぎに重なる時間をもとめるため，x，y，z はなるべく小さい整数となるので，①式を解くと

$$x=6,\ y=4,\ z=3$$

となります。よって，$20x$ にこの解を代入すると 120 [分]となり

答え　3 本の針が重なる時間は 120 分後

となります。

つづいて，つぎの問題を解いてみましょう。

> 敏夫（としお）さんとユカリさんが歩いて，歩道の長さをはかろうとしたら，敏夫さんは 100 歩歩くとのこり 60 cm，ユカリさんは 112 歩あるくとのこり 60 cm でした。歩はばは敏夫さんのほうがユカリさんより 6 cm 長いとき，この歩道の長さは何 m ですか。

この文章題を解くために，文章中から必要な情報をぬきだして箇条書きにしてみましょう。

1. **敏夫さんは 100 歩歩くと，のこり 60 cm である。**
2. **ユカリさんは 112 歩歩くと，のこり 60 cm である。**
3. **歩はばは敏夫さんのほうがユカリさんより 6 cm 長い。**
4. **歩道の長さをもとめる。**

この文章の中でもとめるものは，歩道の長さですから，解答用紙の下の欄に「答え　歩道の長さは○○m」とかきます。

ユカリさんの歩はばを x cm とすると，敏夫さんの歩はばはユカリさんより 6 cm 長いので，$x+6$ cm となります。したがって，敏夫さんの歩い

た距離は,

$$(x+6)\times 100\ [\mathrm{cm}]$$

とかくことができます。カッコをはずすと,

$$100x+600\ [\mathrm{cm}]$$

になります。

同様に，ユカリさんは 112 歩あるいたので，$112x$ [cm]となります。

下に，歩道の長さと 2 人の歩いた距離の関係をしめします。

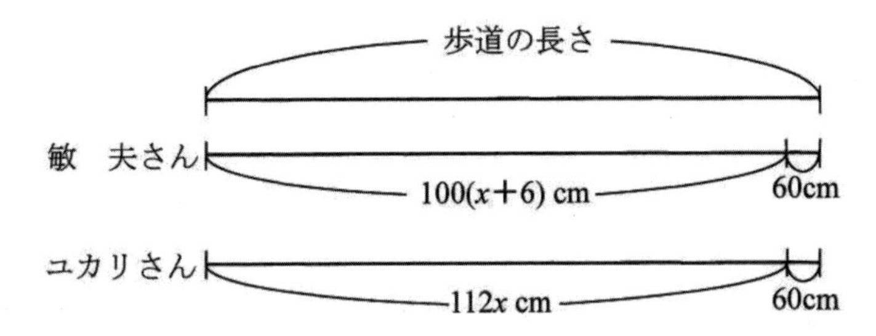

上の図より

$$100x+600+60=112x+60$$

がなりたちます。

x の項を左辺に，定数項を右辺に移項すると,

$$-12x=-600$$

となり，両辺を－12 でわると,

$$x=50$$

となります。したがって，歩道の長さは，$112x+60$ の x にもとめた 50 cm を代入して,

$$112\times 50+60=5660$$

となります。5660 cm を m になおすと，56.6m です。したがって,

答え　歩道の長さは 56.6 m

となります。

川の上流のA地点から45kmはなれた下流のB地点のあいだを船Cと船Dが往復しています。CとDの2つの船は，静水では一定の同じ速さで進みます。午前8時に船CはA地点からB地点に，船DはB地点からA地点に向かって進み，両方の船はいずれも到着した地点で30分の休みをとり，再びもとの地点にもどります。また，両方の船が上りと下りにかかる時間の比は 5：4 で，上りの速さは毎時20kmです。 (1) この川の流れの速さは毎時何kmですか。 (2) 船Cと船Dが3回目にすれちがうのは何時何分ですか。

この文章題を解くために，文章中から必要な情報をぬきだして箇条書きにしてみましょう。

1. 上流のA地点から45kmはなれたB地点のあいだを船Cと船Dが往復する。
2. 午前8時に船CはAからBに，船DはBからAに進む。
3. 船は到着した地点で30分休む。
4. 船は再びもとの地点に戻る。
5. 両方の船が上りと下りにかかる時間の比は5：4である。
6. 上りの速さは毎時20kmである。
7. この川の流れの速さをもとめる。
8. 船Cと船Dが3回目にすれちがう時間をもとめる。

この文章の中でもとめるものは，(1)川の流れの速さ，(2)船Cと船Dが3回目にすれちがう時間ですから，解答用紙の下の欄に(1)「答え　川の流れの速さは毎時○○km」，(2)「船Cと船Dが3回目にすれちがう時間は□□時□□分」とかきます。

(1)　川の流れの速さ

上りと下りのかかる時間の比は5:4です。距離は同じですから，速さの比は4：5になります。

よって，下りの速さは上りの$\frac{5}{4}$倍ですから，

$$20[\mathrm{km}/時]\times\frac{5}{4}=25[\mathrm{km}/時]$$

とあらわせます。

したがって，川の流れの速さは，

$$(25-20)\ [\mathrm{km}/時]\div 2=2.5\ [\mathrm{km}/時]$$

となり，

答え　川の流れの速さは毎時2.5 km

となります。

静水での船の速さv_s，川の流れの速さv_rとすると，下りでの船の速さはv_s+v_r，上りでの船の速さはv_s-v_rとなります。下り上りでの船の速さの差は

$$(v_s+v_r)-(v_s-v_r)=2v_r$$

となり，川の流れの速さv_rがもとめられます。

(2)　船Cと船Dが3回目にすれちがう時間

上流Aと下流Bの間の距離が45km，船Cの速さが25 km/時，船Dの速さが20 km/時です。二つの船C，Dは対面して航行しているので，その相対的速さ（近づいてくる速さ）は，船の速さの和となるので，すれちがう時間は，

$$45\ [\mathrm{km}]\div(25+20)\ [\mathrm{km}/時]=1\ [時間]$$

となり，はじめてすれちがうのは1時間後です。ここで，川と船C，船Dの関係をつぎのページの図にしめします。

3回目にすれちがうのは，1セット＋休み30分＋つぎにすれちがう1時間後になります。船CがA地点からB地点へ行くのにかかる時間は，

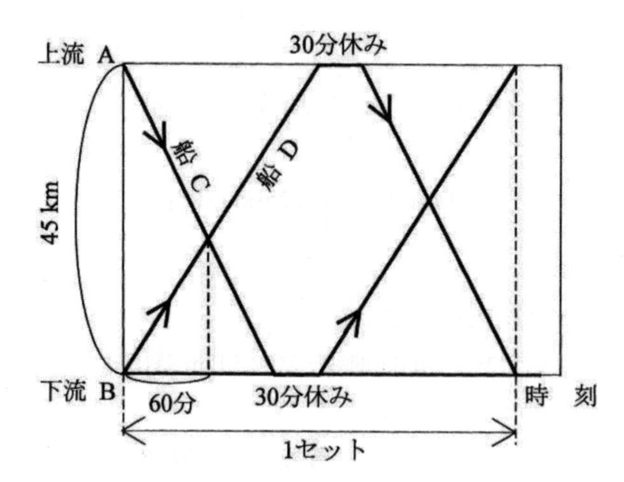

毎時25kmなので，分速 [km/分]になおして，

45 [km]÷25×60 [km/分]

同様に, 30分後, 船DがA地点からB地点に行くまでにかかる時間は, 毎時20kmなので，分速になおして計算すると，

45 [km]÷20×60 [km/分]

とあらわせます。

したがって，3回目にすれちがう時間は,

45÷25×60＋30＋45÷20×60＋30＋60＝363 [分]＝6時間3分

となり，午前8時の6時間3分後なので,

答え　船Cと船Dが3回目にすれちがう時間は14時3分

となります。

4.4　和と差の問題

和と差の問題の中には，中学受験でいう年れい算，消去算，分配算などさまざまなものが含まれます。これらの問題の中には，中学受験をひかえている小学生にとって理解に苦しむ，いわば難問とよばれる問題があります。しかし，どんな難問であっても文章中から必要な情報を読み

とることができれば，決してむずかしいことありません。

くり返しになりますが，文章題を解くことができないのは，算数の力がたりないのでなければ，思考力がたりないのでもありません。必要なことはただ一つ，読解力だけなのです。入学試験で学校側が試しているのは文章題の読解力なのです。

では，つぎの問題から考えていきましょう。

> 孝(たかし)さんがさいふから所持金の$\frac{2}{5}$をつかいました。つぎの日に，そののこりの$\frac{2}{3}$をつかい，3 日後に，またその残りの半分をつかったところ。4000 円が残りました。孝さんははじめいくらのお金をもっていましたか。

この文章題を解くために，文章中から必要な情報をぬきだして箇条書きにしてみましょう。

1. **はじめ，所持金の$\frac{2}{5}$をつかった。**
2. **つぎの日に，その残りの$\frac{2}{3}$をつかった。**
3. **3 日後に，さらにその残りの半分をつかった。**
4. **残りが 4000 円だった。**
5. **孝さんがはじめにもっていたお金をもとめる。**

この文章の中でもとめるものは，孝さんがはじめにもっていたお金です。ですから，解答用紙の下の欄に「答え　孝さんがはじめにもっていたお金は○○円」とかきます。

孝さんがはじめにもっていたお金をx[円]とします。はじめにその$\frac{2}{5}$をつかったので，$\frac{2}{5}x$ [円]つかったことになります。ですから，孝さんの手元に残っているお金は$x-\frac{2}{5}x$，すなわち$\frac{3}{5}x$ [円]とかくことができます。

つぎの日に，その$\frac{2}{3}$をつかったので，つかったお金は$\frac{3}{5}x\times\frac{2}{3}$ [円]，つまり$\frac{2}{5}x$ [円]つかったことになります。この時点でたかしさんの手元に残っているお金が$\frac{3}{5}x-\frac{2}{5}x$ [円]となり，$\frac{1}{5}x$ [円]が残っていることになります。

3 日目にさらにその半分，すなわち$\frac{1}{2}$をつかったので，$\frac{1}{5}x\times\frac{1}{2}$ [円]，すなわち$\frac{1}{10}x$ [円]が最後に残ったお金になります。

残ったお金が 4000 円なので，

$$\frac{1}{10}x=4000$$

とかくことができます。両辺を 10 倍して

$$x=40000$$

よって，

答え　孝さんがはじめにもっていたお金は 40000 円となります。

つぎの問題を解いてみましょう。

一の位の数が 4 の 3 けたの正の整数があります。各けたの 3 つの数をたすと 10 になります。この数の順番を逆にならべてできる 3 けたの整数は，もとの整数より 198 大きくなります。もとの整数はいくつですか。

この文章題を解くために，文章中から必要な情報をぬきだして箇条書きにしてみましょう。

1. **一の位の数が 4 の 3 けたの整数がある。**
2. **各けたの 3 つの数をたすと 10 になる。**
3. **この数の順番を逆にならべてできる 3 けたの整数は，もとの整数より 198 大きくなる。**
4. **もとの整数をもとめる。**

この文章の中でもとめるものは，もとの整数ですから，解答用紙の下の欄に「答え　もとの整数は○○」とかきます。

百の位の数を x，十の位の数を y とすると，一の位の数が 4 なので，この 3 つの数をたすと 10 になるから，

$$x+y+4=10 \quad \cdots\cdots\cdots\cdots\cdots ①$$

とあらわすことができます。

また，もとの整数の値は，$100x+10y+4$ とかくことができ，この 3 つの数の順番を逆にしたときの整数の値は，百の位の数が 4，十の位の数が y，一の位の数が x になるため，$400+10y+x$ になります。

ここで，3 けたの整数の順番を入れかえると，もとの整数より 198 大きくなるので，

$$(100x+10y+4)+198=400+10x+y$$

とあらわせます。

この式を整理して，

$$100x+10y+202=x+10y+400$$

文字の項を左辺，定数項を右辺にそれぞれ移項して，

$$99x=198$$

$$x=2$$

これを①式に代入して，

$$2+y+4=10$$

$$y=4$$

つまり，百の位の数が 2，十の位の数が 4 であるため，

答え　もとの整数は 244

になります。

最後に，つぎの問題を解いてみましょう。

みどりさんの家には 300 m^2 の庭があります。10 年前にその庭を車庫と池にしました。今年，車庫を 2 倍にして，池を $\frac{1}{4}$ にしたところ，この庭に 50 m^2 のあきができました。 みどりさんの家の現在の車庫と池の面積をもとめなさい。

この文章題を解くために，文章中から必要な情報をぬきだして箇条書きにしてみましょう。

1. **みどりさんの家の庭は 300 m^2 である。**
2. **10 年前に庭を車庫と池にした。**
3. **今年，車庫を 2 倍にして，池を $\frac{1}{4}$ にした。**
4. **現在，庭に 50 m^2 のあきがある。**
5. **みどりさんの家の現在の車庫と池の面積をもとめる。**

この文章の中でもとめるものは，みどりさんの家の現在の車庫と池の

面積ですから，解答用紙の下の欄に「答え　みどりさんの家の現在の車庫の面積は○○ m^2，池の面積は△△ m^2」とかきます。

10 年前の車庫の面積を x [m^2]，池の面積を y [m^2]とします。みどりさんの家の庭は 300 m^2 なので，

$$x+y=300 \quad \cdots\cdots\cdots\cdots\cdots ①$$

とかくことができます。

現在の車庫の面積は 10 年前の 2 倍なので $2x$ [m^2]，池の面積は 10 年前の $\frac{1}{4}$ なので $\frac{1}{4}y$ [m^2]とかくことができます。

したがって，現在の車庫と池の面積の和は，$2x+\frac{1}{4}y$ [m^2]とかくことができ，その面積は 10 年前とくらべて，あきが 50 m^2 できたので，

$$2x+\frac{1}{4}y=300-50$$

という式がなりたちます。右辺をまとめて，

$$2x+\frac{1}{4}y=250 \quad \cdots\cdots\cdots\cdots\cdots ②$$

①，②式の連立方程式を解くため，②－①×2 を計算して，

$$\frac{1}{4}y-2y=250-600$$

$$-\frac{7}{4}y=-350$$

両辺に－4 をかけて，

$$7y=1400$$

$$y=200$$

これを①式に代入して，

$$x+200=300$$

$$x=100$$

したがって，10年前には車庫が100 m^2，池が200 m^{2}あったことになります。しかし，現在，車庫が2倍，池が$\frac{1}{4}$倍になったので，

答え　みどりさんの家の現在の車庫の面積は200 m^2，
池の面積は50 m^2

となります。

4.5　過不足の問題

ここまでみてきたように，文章題を解く方法は，

① 必要な情報を文章中からぬきだし箇条書きにする(データの収集)。

② 解答用紙の下の欄に「答え　＿＿＿＿＿は○○」とかく(目標の設定)。

③ もとめたいものを文字でおき，情報を式におきかえる(目標達成のための準備)。

④ 計算をする(実行する)。

の4つのステップにわかれます。このステップを守れば，だれでもかんたんに文章題という障壁をのりこえることができます。これらのステップでおこなっていることは，だれもが日常生活でおこなっている行動そのものなのです。

たとえば，ダイエットをするときに① 自分の体重を測定し，② 目標体重を決め，③ 減量方法を考えてから，④ 実行します。やみくもにおこなってもやせないどころか，リバウンドしてしまう可能性があります。これは，みなさんのビジネスシーンや研究論文はもとより，大学入試における現代文の入学試験においても同じことがいえます。

今後，ますます大量のデータが蓄積され，そこから有用な事柄をみつけること，いわゆる「宝さがし」は，あたりまえのように重要になってきます。その「宝さがし」のスピードをみがくためにも，文章題の問題を解くという行為は理にかなっているのではないかと思います。

この節では，過不足の文章題をつかって，最後の「宝さがし」に挑戦してみてください。

> 実(みのる)さんが車を借りて，友だちとドライブにでかけることになりました。車を借りる代金として 1 人 5000 円ずつ集めると 2000 円余りますが，1 人 3500 円ずつ集めると 2500 円不足します。実さんは何人でドライブにでかけますか。

この文章題を解くために，文章中から必要な情報をぬきだして箇条書きにしてみましょう。

1. 1 人 5000 円ずつ集めると 2000 円余る。
2. 1 人 3500 円ずつ集めると 2500 円不足する。
3. ドライブにでかける人数をもとめる。

この文章の中でもとめるものは，ドライブにでかける人数ですから，解答用紙の下の欄に「答え　ドライブにでかける人数は○○人」とかきます。

ドライブにでかける人数を x [人]とおきます。1 人 5000 円ずつ集めると，その集めた代金の合計は $5000x$ [円]となります。車を借りるために

必要な代金は，2000 円余ることを考えて，

$$5000x-2000 \text{ [円]}$$

とかくことができます。

また，3500 円ずつ集めると，その合計金額は 3500x [円]となり，車を借りるために必要な代金より 2500 円不足しているので, 車を借りるために必要な代金は,

$$3500x+2500 \text{ [円]}$$

とかくことができます。したがって，

$$5000x-2000=3500x+2500$$

という方程式がなりたちます。左辺を文字の項，右辺を定数項にまとめると，

$$5000x-3500x=2500+2000$$

計算すると，

$$1500x=4500$$

$$x=3$$

したがって，

答え　ドライブにでかける人数は 3 人

となります。

つぎの問題を解いてみましょう。

> 高校 3 年生が卒業写真の写真をとるために長いすにすわります。1 つの長いすに 4 人ずつすわると，25 人がすわれませんでした。1 つの長いすに 5 人ずつすわると，だれもすわらない長いすが 15 脚ありました。高校 3 年生の人数が 5 の倍数のとき，高校 3 年生の人数をもとめなさい。

この文章題を解くために，文章中から必要な情報をぬきだして箇条書

きにしてみましょう。

1. **1つの長いすに4人ずつすわると，25人がすわれなかった。**
2. **1つの長いすに5人ずつすわると，だれもすわらない長いすが15脚あった。**
3. **高校3年生の人数は5の倍数である。**
4. **高校3年生の人数をもとめる。**

この文章題の中でもとめるものは，高校3年生の人数ですから，解答用紙の下の欄に「答え　高校3年生の人数は○○人」とかきます。

長いすの数を x [脚]とおくと, 1つの長いすに4人ずつすわることができるので，$4x$ [人]がすべてのいすにすわることができます。高校3年生の人数は，すわることができなかった25人を加えて,

$$4x+25\ [人]$$

とあらわせます。

また，1つの長いすに5人ずつすわると，長いすが15脚余ります。だれかがすわっている長いすのうち, 1脚は1人〜5人がすわっている可能性があります。ですから，確実に5人すわっている長いすは，余っている15脚と, 1人〜5人がすわっている可能性のある1脚のあわせた16 [脚]

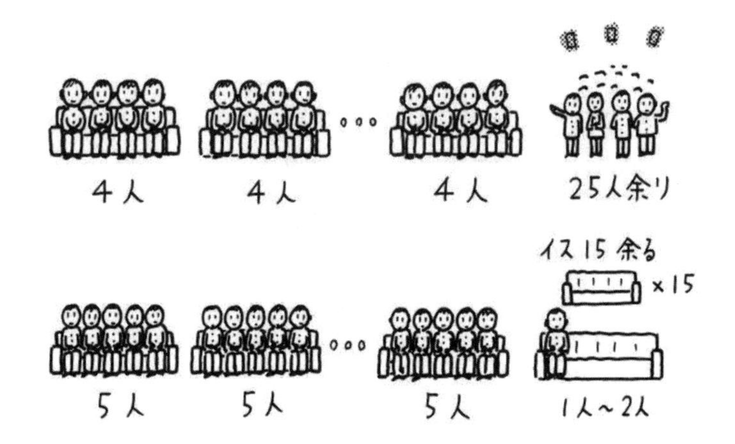

をひいた $x-16$ [脚]となります。

ここで, 1 人から 5 人すわっている可能性のあるこの長いすの人数を y [人]とします。

したがって，高校 3 年生の人数は，$x-16$ [脚]の長いすに 5 人すわっていて，y [人]たすので,

$$5(x-16)+y \quad (1 \leqq y \leqq 5)\ [人]$$

とあらわせます。

よって,

$$4x+25=5(x-16)+y \quad (1 \leqq y \leqq 5)$$

がなりたち，かっこをはずして,

$$4x+25=5x-80+y \quad (1 \leqq y \leqq 5)$$

x の項を左辺，定数項を右辺へ移項して計算すると,

$$-x=-105+y \quad (1 \leqq y \leqq 5)$$

$$x=\ \ 105-y \quad (1 \leqq y \leqq 5) \quad \cdots\cdots\cdots①$$

となります。

したがって，高校３年生の人数は

$$x=(105-y)+25=445-4y \quad (1 \leqq y \leqq 5)$$

$y=1$　のとき　441 人

$y=2$　のとき　437 人

$y=3$　のとき　433 人

$y=4$　のとき　429 人

$y=5$　のとき　425 人

がえられます。5 の倍数となるのは 425 人なので

答え　高校 3 年生の人数は 425 人

となります。

つぎの問題を解いてみましょう。

クラスのクリスマスパーティーのために，良一(りょういち)さんと英明(ひであき)さんは買い物に行きました。良一さんの行った店では，ショートケーキとシュークリームがそれぞれ300円と200円でした。英明さんの行った店では，ショートケーキとシュークリームがそれぞれ320円と220円でした。2人でショートケーキとシュークリームをあわせて90個買って，25760円支払いました。また，2人の買ったショートケーキの数はシュークリームの数より42個多くなりました。良一さんはショートケーキとシュークリームをあわせていくつ買いましたか。

この文章題を解くために，文章中から必要な情報をぬきだして箇条書きにしてみましょう。

1. **良一さんの行った店では，ショートケーキとシュークリームがそれぞれ300円と200円で売られていた。**
2. **英明さんの行った店では，ショートケーキとシュークリームがそれぞれ320円と220円で売られていた。**
3. **2人でショートケーキとシュークリームをあわせて90個買った。**
4. **2人は25760円支払った。**
5. **2人の買ったショートケーキは，シュークリームの数より42個多かった。**
6. **良一さんが買ったショートケーキとシュークリームをあわせた数をもとめる。**

この文章の中でもとめるものは，良一さんが買ったショートケーキとシュークリームのあわせた数ですから，解答用紙の下の欄に「答え　良一さんが買ったショートケーキとシュークリームをあわせた数は○○個」とかきます。

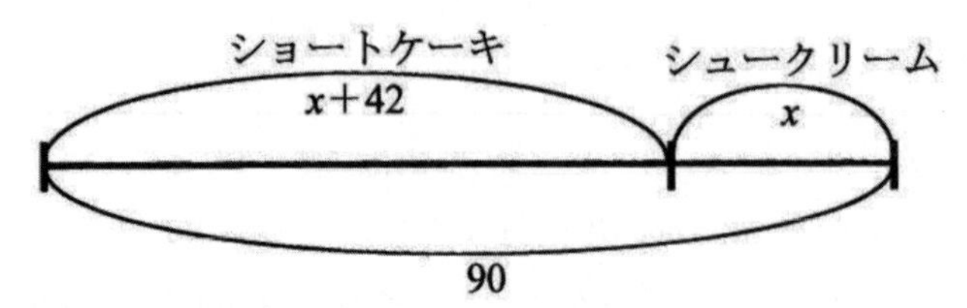

シュークリームの数を x 個とすると，ショートケーキは 42 個多いので，$(42+x)$ 個とかけます。その和が 90 個なので，

$$x+(x+42)=90$$

となります。カッコをはずして，

$$x+x+42=90$$

x の項を左辺に，定数項を右辺に移項すると，

$$2x=48$$

$$x=24$$

となり，シュークリームは 24 個ともとまります。ショートケーキの数は $x+42$ とあらわすことができるので，

$$24+42=66$$

となります。もし，英明さんが買った店ですべて買うと，ショートケーキは 320 円，シュークリームは 220 円かかるので，

$$320\times66+220\times24=26400$$

になります。実際には，25760 円かかるため，その差は

$$26400-25760=640$$

となります。また，値段の差は，ショートケーキが 20 円，シュークリームが 20 円で，ともに 20 円なので，

$$640\div20=32$$

が，良一さんの買った店の数になり，

答え　良一さんが買ったショートケーキと
シュークリームをあわせた数は 32 個

となります。

A 駅から途中 B 駅，C 駅を通って，D 駅まで行く電車があります。A 駅から B 駅までは 450 円，A 駅から C 駅までは 600 円，B 駅から C 駅までは 300 円，B 駅から D 駅までは 450 円，C 駅から D 駅までは 350 円かかります。

A 駅から 60 人の乗客で出発し，C 駅で 22 人乗り，さらに 50 人おりて，A 駅から乗った人はだれもいなくなりました。D 駅で乗客 22 人全員がおりました。この運行での売り上げは 45800 円でした。

B 駅から乗って C 駅でおりた人は何人ですか。

この文章題を解くために，文章中から必要な情報をぬきだして箇条書きにしてみましょう。

1. A 駅，B 駅，C 駅，D 駅へ行く電車がある。
2. A 駅から B 駅までは 450 円かかる。
3. A 駅から C 駅までは 600 円かかる。
4. B 駅から C 駅までは 300 円かかる。
5. B 駅から D 駅までは 450 円かかる。
6. C 駅から D 駅までは 350 円かかる。
7. A 駅から 60 人の乗客で出発した。
8. C 駅で 22 人乗り，50 人おりた。
9. C 駅で A 駅から乗った人はだれもいなくなった。
10. D 駅で乗客 22 人全員がおりた。
11. この運行での売り上げは 45800 円だった。
12. B 駅から乗って C 駅でおりた人数をもとめる。

この文章の中でもとめるものは，B 駅から乗って C 駅でおりた人数ですから，解答用紙の下の欄に「答え　B 駅から乗って C 駅でおりた人数は○○人」とかきます。

はじめに，C 駅で乗った人が 22 人で，D 駅で降りた人が 22 人であることから，C駅で乗った人全員がD駅でおりたことがわかります。

つぎに，A駅で乗った人全員がB駅でおりたと仮定して，その時の売り上げを考えてみましょう。

A駅からB駅まで60人が乗ったので450 [円]×60 [人]，A駅で乗った人全員がB駅でおりているので，C駅で50人おりたということは，B駅から50人乗ったことになるので300 [円]×50 [人], C駅で22人乗ったので350 [円]×22 [人]になるため，

$$450\times 60+300\times 50+350\times 22=49700\ [円]$$

の売り上げになります。

実際の売り上げは45800円なので，その差は

$$49700-45800=3900\ [円]$$

となり，A駅から乗った人がB駅でおりずにC駅へ行ったとすると，

$$450+300-600=150\ [円]$$

つまり，150円の売り上げがへります。さきほどの運行での売り上げの差から，全体で3900円へるので

$$3900\div 150=26\ [人]$$

となり，26人へることになります。

この人数は，A駅から乗ってC駅でおりた人数です。C駅でおりた人数は50ですから，B駅から乗ってC駅でおりたのは，

$$50-26=24\ [人]$$

ともとめられます。したがって，

答え　B駅から乗ってC駅でおりた人数は24人

となります。

最後に，この答えが正しいかを確認してみましょう。A駅から60人が乗って，B駅で降りた人数は60人－26人＝34人，A駅から乗ってC駅で降りた人数は26人，B駅から乗ってC駅でおりた人数は24人，C駅で乗ってD駅で降りた人数は22人なので，

$$450 \times 34 + 600 \times 26 + 300 \times 24 + 350 \times 22 = 45800[\text{円}]$$

となります。文章題の運行での売り上げ45800円と一致しますので，答えが正しいことがわかります。

ここまで，いろいろな文章題についてみてきました。文章題とは，その名のとおり，文章から情報を読みとる能力をみるための問題であり，現代人に必須の能力を身につけさせるきっかけとなるものです。

くしくも，つぎの学習指導要領からは，小中高校で「アクティブ・ラーニング」という自分で課題を身につけるすべを学ぶ教材も検討されています。その一方で，文章題という森の中から答えという宝物を発見する方法を身につけられずに，多くの若者たちが学校を飛びたっていることも事実です。その結果，すぐに答えがでない困難にぶつかると，あきらめてしまう若者が後をたちません。ちょうど日本社会の閉塞感をそのままあらわしているようで，残念でなりません。

社会へ巣立っていった子どもたちが，本当に自分の力で立ちあがることができるかどうかは，彼ら自身が自分の力で身につけるしかありません。

第4章では，いわゆる「ふつうの」小中学生では，かんたんには歯が立たない問題もとりあげています。その1問1問を自分の力で読み，かきぬき，目標をみつけ，答えをみちびけるようになってこそ，本当の学力が身についたことになるのかもしれません。

第４章の問題

【問題１】 人形を箱に入れています。20 体入りの箱をつかうと，最後の箱にまだ 12 体入ります。24 体入りの箱をつかうと，20 体入りの箱より 4 箱少なくてすみ，すべての人形がちょうどおさまります。人形の数をもとめなさい。

【問題２】 A 駅，B 駅，C 駅がこの順番で並んでいます。時速 50 km の普通電車で A 駅から B 駅まで行くときにかかる時間と，B 駅には止まらない時速 75 km の特急電車で A 駅から 200 km はなれた C 駅に行き，普通電車で B 駅までもどるときにかかる時間は，C 駅の乗りかえ時間 20 分をふくめるとちょうど同じです。B 駅は A 駅から何 km はなれていますか。

【問題３】 スキー場の 12 月と 1 月の入場者数を調べました。12 月の入場者数は，スキーを楽しんだ人とスノーボードを楽しんだ人をあわせると 5500 人でした。1 月の入場者数は，12 月にくらべてスノーボードは 20 %増え，スキーは 10 %減ったために，スノーボードを楽しんだ人がスキーを楽しんだ人より 930 人多いことがわかりました。1 月のスキーとスノーボードを楽しんだ人数をそれぞれもとめなさい。

【問題４】 箱の中に，白のひも，緑のひも，オレンジのひもがたくさん入っています。同じ色のひもにはそれぞれ同じ点数がかいてあります。好美さんは白 1 つ，緑 3 つ，オレンジ 2 つをとり合計 23 点，幸子さんは白 2 つ，緑 2 つ，オレンジ 5 つで合計 29 点，小百合さんは白１つ，緑４つ，オレンジ３つで合計 31 点になりました。
それぞれの色にかいてある点数をもとめなさい。

【問題５】 濃度 12%の砂糖水 600 g が入っているビーカーから，ある質量の砂糖水をとりだし，かわりにおなじ質量の水を入れてよくかきまぜました。つぎに，このビーカーから，はじめにとりだした２倍の質量の砂糖水をとりだし，かわりに同じ質量の水を入れてよくかきまぜました。その結果，この砂糖水の濃度は 4.5%になりました。はじめにとりだした砂糖水は何 g ですか。

【問題６】 正彦さんは A 地点から出発して，12km はなれた B 地点にむかい，時速 6km で 50 分歩いたら 10 分休むことをくり返しながら進みました。和夫さんは正彦さんが出た 30 分後に，正彦さんを追いかけ，時速 8km で休まずに進みました。和夫さんは正彦さんに何分後に追いつきますか。

【問題７】 S 町で 1 世帯あたりの携帯電話の台数を調べるために，5 人の人が 100 世帯ずつ調査をしました。

道弘さんが調べると 0 台が 3 世帯，1 台が 17 世帯，2 台が 31 世帯，3 台が 36 世帯，4 台が 11 世帯，5 台が 2 世帯でした。

友美さんが調べると 0 台が 4 世帯，1 台が 21 世帯，2 台が 32 世帯，3 台が 33 世帯，4 台が 9 世帯，5 台が 1 世帯でした。

ユカリさんが調べると 0 台が 2 世帯，1 台が 19 世帯，2 台が 36 世帯，3 台が 31 世帯，4 台が 10 世帯，5 台が 2 世帯でした。

遥(はるか)さんが調べると 0 台が 3 世帯，1 台が 23 世帯，2 台が 33 世帯, 3 台が 34 世帯, 4 台が 6 世帯, 5 台が 1 世帯でした。

幸一さんが調べると 0 台が 2 世帯，1 台が 22 世帯，2 台が 35

世帯，3 台が 37 世帯，4 台が 3 世帯，5 台が 1 世帯でした。

この地区の総世帯数が 2000 のとき，この地区の人がもっている携帯電話の総台数は推定でいくつですか。

【問題８】 満さんと美恵さんが追いかけっこをしています。満さんが 500m 先に美恵さんをみつけて追いかけました。しかし，満さんは 3 分間で 300m すすむと，3 分間休まなければならないルールをつくりました。美恵さんは満さんが追いかけてから 2 分後に満さんに気づいてにげだしました。美恵さんは 3 分間で 200m すすむと 3 分間は休まなければならないルールをつくりました。美恵さんがいた場所から 700m 前方にはゴールがあり，ゴールにたどり着くと美恵さんは無事ににげたことにします。美恵さんはにげきることができるでしょうか。

【問題９】 貴美子さんと真知子さんが 2 日間仕事をしました。2 人分として，2 日とも会社から同じ給料を受けとりました。それを 2 人は，初日は真知子さんのほうが少し多くはたらいたので，5 : 7，2 日目も真知子さんのほうがよくはたらいたので 7 : 11 になるように分けました。

初日の帰りに寄り道をして，ハンバーガーが 1 個 125 円で売っていたので，貴美子さんは初日に自分がもらった金額の 1/4 をつかっていくつか買いました。

真知子さんはつぎの日に貴美子さんから聞いて，同じように寄り道をして同じハンバーガーを買いました。そのとき，真知子さんが 2 日目にもらった金額の 1/5 に 50 円をたしたところ，貴美子さんが買った数の 1.2 倍の量だけ買えました。貴美子さんが買ったハンバーガーの数をもとめさない。

おわりに

毎年のように，年賀状の交換だけになってしまった友人からの元気で活躍している年賀状に接すると，こちらまで勇気づけられて元気をもらいます。その反面，「年賀状の交換は今年限りに願いたい」とか「小生もだんだん文字をかくのが不自由になりまして...」といった最後通牒ともとれる年賀状に接すると，どの人もまちがいなく，老いていくことを実感してため息をついてしまいます。さらに，職場や学会活動を通じて知り合いとなった多くの方と，お別れする機会が年々増えてきました。

かつての職場(高専)で，十年一日のように，通り一遍の怪しげな講義をくり返してきました。晩年になって，定期試験の採点をすると，あまり変わり映えのない点数に，講義が完全に学生から遊離していることを実感しました。正直に言うと，職場の定年退職制度は実によく考えられています。「余人をもって替えがたし」という名のもとに，80〜90 代まで続けたという話を聞いたことがありますが，はたしてそれで教育効果を上げられるか非常に怪しいかぎりです。自分自身，どのようにひいき目で見ても，教育者としては，失格であると確信しています。でも，小生の研究室を出た小数の者が，それなりに大学・企業で活躍しているのは事実なので，自分なりに満足しています。

学校というのは，ある一定の期間を終えたら，どうも教えるところではないように思えます。つまり，教授と学生がいっしょに考えたり，論議するところだと思います。今の学校教育で，もっとも大切なことは「ものごとを考える」ことではないでしょうか。

現在，どこの職場でも提案活動とか，QC 活動と称して，考えることをやたら要求するようになりました。しかし，「なにか気がついたことは何でもよいから提案してほしい」と叫んでも，ほとんどの人が見向きもしないのが現実ではないでしょうか。今まで意見を無視したり，封じたりしておいて，あるときになったら意見をだしなさいといってもしょせんむりな相談です。そして，会議の報告では，きまりきった世界平和，安全，安定成長，歩留まりアップといった不毛な言葉で飾られた「お遊び」で終始しています。なぜでしょうか。

この本では，文章題の解き方・仕組みを勉強するとはいっても，徹底して「考えること」を追求しました。つまり，読者であるおじいちゃんやおばあちゃん，お父さん，お母さん，そしてお孫さんやお子さんといっしょに考えることが何よりも大切であり，自分なりに考えて理解できたとすれば，この本の使命は立派に達成されたことになりますが，じつは，それが一筋縄ではいかない問題なのです。

何の気なしにやっていた算数の計算，お孫さんから「それはどうして正しいといえるの？」とたずねられて，一瞬ドキリとすることがあります。かつての職場では，あらゆる手練手管をつかってにげてきましたが，今度ばかりはそれはむりです。

最後に，この本であげた例題はわずかなので，さらなる理解を深めるために，読者の皆様には実際に自分の手を動かして，これらの項目について身につけてもらい，算数・数学の奥深さなどを楽しんでいただきたいと思います。

私たち自身は数学を専門としているわけではありませんが，この本に関しては責任をもってあなたの疑問にはお答えしますので，モヤモヤした部分がありましたら，ご遠慮なく，出版社にご一報ください。

2017年3月　著　者

筑西市にて

解　　答

第１章の問題の解答

〔問題１の答え〕

もとの紙のたての長さを x cm とする。

$$4(x-8)(x+2-8)=96$$

これより

$$(x-8)(x-6)=24$$

カッコを開くと

$$x^2-14x+24=96$$

となり，因数分解すると

$$(x-12)(x-2)=0$$

となり，これを解くと，

$$x=2,\ 12$$

$x=2$ は実現不可能であり，$x=12$ が解となる。

答え　12 cm

蒸発した後の食塩の量

〔問題２の答え〕

蒸発する前と後とでは，食塩の量は変わらないことより

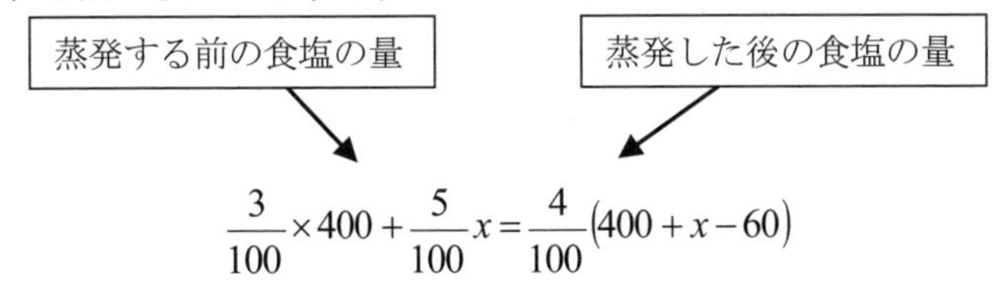

$$\frac{3}{100}\times 400+\frac{5}{100}x=\frac{4}{100}(400+x-60)$$

これより，

$$1200+5x=4(340+x)$$

$$x=160$$

答え　160 g

〔問題３の答え〕

正仁君の歩いた速さを分速 x m とすると，雄司君と正仁君とが歩いた道のりの和は１周 5150 m に等しいことより，

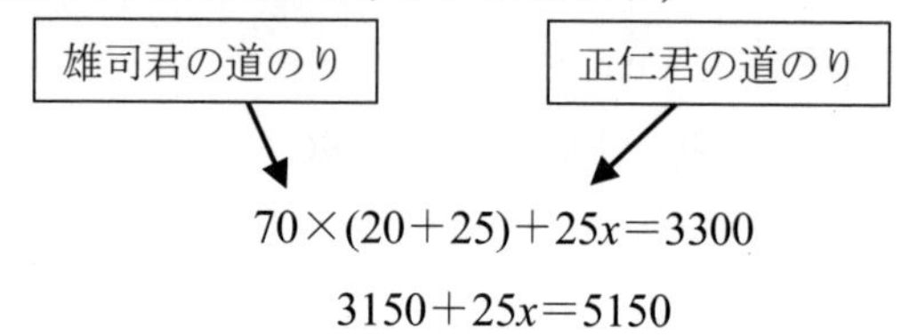

$$70\times(20+25)+25x=3300$$

$$3150+25x=5150$$

より，整理すると

$$25x=2000$$

となり，よって

$$x=80$$

答え　分速 80 m

〔問題４の答え〕

昨年度の男子，女子の生徒数をそれぞれ x 人，y 人とすると，

$$\begin{cases} x+y=230 \\ 0.1x-0.05y=5 \end{cases} \quad \text{または} \quad \begin{cases} x+y=230 \\ 1.1x-0.95y=230+5 \end{cases}$$

(i) ケース１　　　　(ii)ケース２

どちらを解いてもよいのですが，ケース１の第２式を 10 倍すると

$$\begin{cases} x+y=230 & \cdots\cdots\cdots\cdots\cdots① \\ x-0.5y=50 & \cdots\cdots\cdots\cdots\cdots② \end{cases}$$

①式－②式より

$$1.5y=180$$

となり，よって

$$y=120$$

となり，①より

$$x=110$$

であるから，今年度の男子，女子の生徒数は，それぞれ

$$110\times1.1=121$$

$$120\times0.95=114$$

となります。

答え　男子 121 人，女子 114 人

〔問題５の答え〕

問題文より 3 種類の電車の車両の長さ, 速さをかきぬいてみましょう。

	車両の長さ	速さ
普通電車	$4y$ [m]	15 [m/秒]
普通電車	$10y$ [m]	15 [m/秒]
快速電車	$6y$ [m]	x [m/秒]

(1)　快速電車と 4 両編成の普通電車がであってすれちがい終わるまでに 3.6 秒かかったから,

$$\frac{6y+4y}{15+x}=3.6$$

両方の電車が反対方向から接近してくるのですから，接近してくる速さは速さのたし算になり，先頭と先頭がであい，後部と後部が離れるまでの車両の長さは，それぞれの車両のたし算になります。

よって,

$$3.6(x+15)=(4+6)y \quad \cdots\cdots\cdots\cdots\cdots ①$$

また，快速電車が 10 両編成の普通電車に追いついてから完全にぬき終えるまでに 14.4 秒かかったから,

$$\frac{10y+6y}{x-15}=14.4$$

両方の電車が同方向に走っているのですから，接近してくる速さは速さのひき算となり，先頭と後部が出会い，後部が先頭から離れるまでの車両の長さは，それぞれの車両のたし算になります。よって，

$$14.4(15-x)=(10+6)y \quad \cdots\cdots\cdots\cdots\cdots②$$

①式，②式を整理すると，

$$-3.6x+10y=54 \quad \cdots\cdots\cdots\cdots\cdots①$$

$$14.4x-16y=216 \quad \cdots\cdots\cdots\cdots\cdots②$$

①×4＋②を計算すると，第1項が消えて

$$24y=432$$

となり，つまり

$$y=18$$

をえる。①式に代入すると

$$x=35$$

をえる。

答え　$x=35$，$y=18$

〔問題６の答え〕

(1)　排水管aだけを開けた時間をs分，排水管a，bをともに開けた時間をt分とすると，

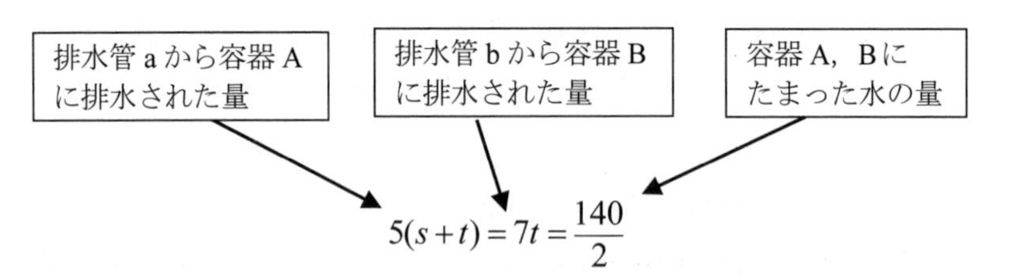

$$5(s+t)=7t=\frac{140}{2}$$

となり，これを解くと

$s=4$, $t=10$

となります。よって，4 分後のタンクの水の量は

$140-5\times4=120$ [m^3]

で，14 分後にはタンクの水の量は 0 [m^3]です。よって，グラフは右の図のようにかけます。

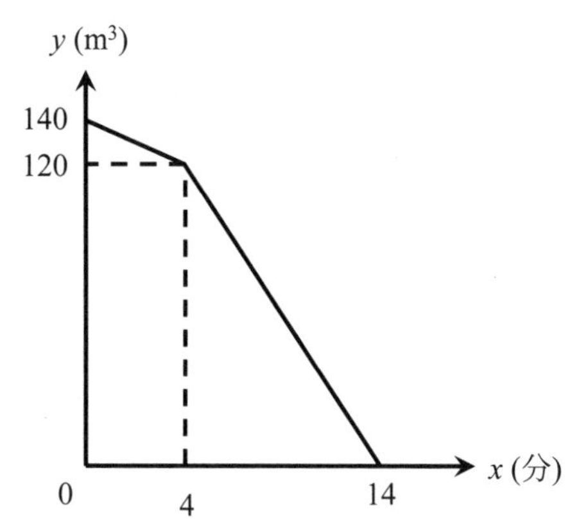

(2)　$4\leqq x\leqq 14$ のとき，$x=4$，$y=120$ を通る直線の式は

傾き

$$y-120=\frac{0-120}{14-4}(x-4)$$

となり，まとめると，

$$y=-12x+168$$

がえられます。$y=60$ とすると，

$$-12x+168=60$$

となり，

$$x=9$$

がもとめられます。

答え　$x=9$

第 2 章の問題の解答

〔問題 1 の答え〕

距離をもとめるには，時速と時間が必要になります。したがって，この問題において A 君が走った距離をもとめるには，A 君が 2 時間走ったときの時速と，A 君が時速 10 km/h で走ったときの時間が必要になります。たとえば，つぎのような文章題になると，A 君が走った距離をもとめることができるようになります。

A 君がジョギングしていました。まず時速 5 km で 2 時間走り，そのあと，時速 10 km/h で 1 時間走りました。A 君が走った距離はいくらでしょうか。

〔問題 2 の答え〕

5000 円札を 3 枚もっていたので，5000 円札で 15000 円もっていることになります。したがって，

$$67000-15000=52000$$

を，10000 円札と 1000 円札の枚数の組みあわせとなります。組みあわせをすべての通りもとめることもできますが，一意にもとめることができません。そのため，10000 円札の枚数もしくは 1000 円札の枚数を与えることで，この文章題を解くことができるようになります。たとえば，つぎのような文章題が考えられます。

B 君は 10000 円札，5000 円札，1000 円札をもっていて，すべてをあわせると合計金額が 67000 円になりました。このとき B 君は 10000 円札を 5 枚，5000 円札を 3 枚もっていました。B 君は 1000 円札を何枚もっていたでしょうか。

〔問題３の答え〕

この文章題では，りんごとぶどうを購入したときの代金が与えられていて，そのときにそれぞれの購入した個数をもとめる問題です。したがって，みかんとメロンの情報が文章題の中で与えられていますが，答えをもとめるときに，これらの情報が必要となることはありません。したがって，「90円のみかん」と「500円のメロン」という情報は余計な情報となります。

〔問題４の答え〕

この文章題では，三角形と四角形に対して共通して底辺の長さが与えられています。また，三角形と四角形のそれぞれの面積も与えられています。両方の面積が与えられていますが，底辺の長さがもとめられているので，図形の高さをもとめるには，三角形もしくは四角形のどちらかの面積がわかれば，問題を解くことができます。したがって，三角形もしくは四角形の面積の情報は余計な条件となります。

〔問題５の答え〕

・問題１の解答例

問題１の答えにある文章題を１つの解答例とします。文章題は

> A君がジョギングしていました。まず時速5 kmで2時間走り，そのあと，時速10 km/hで1時間走りました。A君が走った距離はいくらでしょうか。

ですから，A君が走った距離はつぎのようにもとめることができます。

$$5\times2+10\times1=20$$

答え　A君が走った距離：20km

・問題２の解答例

問題２の答えにある文章題を１つの解答例とします。文章題は

> B 君は 10000 円札，5000 円札，1000 円札をもっていて，すべてをあわせると合計金額が 67000 円になりました。このとき B 君は 10000 円札を 5 枚，5000 円札を 3 枚もっていました。B 君は 1000 円札を何枚もっていたでしょうか。

であり，1000 円札の枚数を x 枚とすると，つぎの方程式がえられます。

$$10000 \times 5 + 5000 \times 3 + 1000 \times x = 67000$$

$$50000 + 15000 + 1000x = 67000$$

$$1000x = 2000$$

$$x = 2$$

答え　B 君は 1000 円札を 2 枚もっていた

・問題３の解答

みかんとメロンの情報は無視してよいので，りんごとぶどうの情報だけに注目すればよいのです。もとめたいものが，りんごとぶどうの個数で, 2 つの個数をあわせた数が 10 だから, りんごの個数を x 個とすると，ぶどうの個数は $10-x$ となる。また，りんごとぶどうの合計金額が 1800 円ということから，つぎの方程式がえられます。

$$150 \times x + 200 \times (10-x) = 1800$$

この方程式を解くと

$$150x + 2000 - 200x = 1800$$

$$-50x = -200$$

$$x = 4$$

となり，りんごの個数がもとめられました。したがって，ぶどうの個数は

$$10-4=6$$

となります。

答え　りんごの個数4個，ぶどうの個数6個

・問題4の解答

図形の高さをx cmとします。まずは，三角形の面積の情報をもとにxをもとめてみましょう。三角形の面積は

三角形の面積＝底辺×高さ÷2

からもとめられるので，

$$15=5\times x\div 2$$

$$5x=30$$

$$x=6$$

となり，高さがもとめられます。

答え　図形の高さ　6 cm

つぎに，四角形の面積の情報をもとにxをもとめてみましょう。四角形の面積は

四角形の面積＝底辺×高さ

からもとめられるので，

$$30=5\times x$$

$$x=6$$

となり，高さがもとめられ，同じ計算結果がえられました。したがって，この文章題の2つの情報は正しかったことがわかります。

もし同じ計算結果がえられなかった場合には，計算にミスがあるか，または問題に不備があったということになります。

第 3 章の問題の解答

〔問題 1 の答え〕

1 g あたりの金額をもとめるには，与えられている金額[円]÷与えられている質量 [g]を計算すればよいので，

(A) のお肉：400÷300＝400/300＝4/3＝1.333…

(B) のお肉：300÷250＝300/250＝3/2.5＝1.2

となります。1 g あたりの金額が低いほうが，お買い得となるので，(B) のお肉がお買い得なお肉となります。

答え　(A) のお肉：1.333…円/g
(B) のお肉：1.2 円/g
(B) のお肉の方がお買い得

〔問題 2 の答え〕

A の食塩水に入っている食塩の量は

100×0.16＝16

となり，B の食塩水に入っている食塩の量は

300×0.08＝24

ともとめられます。したがって，A と B の食塩水をまぜあわせてできた食塩水の濃度は

$$\frac{16+24}{100+300}\times 100=\frac{40}{400}\times 100=10$$

となります。答えは，A と B をあわせてできた食塩水の濃度は 10 %となります。

答え　濃度 10%

〔問題3の答え〕

連続する3つの数字の真ん中の数字をxとします。すると，連続する3つの数字は

$$x-1,\ x,\ x+1$$

とかくことができます。これらの3つの数字をたしあわせると45になるということから，

$$(x-1)+x+(x+1)=45$$

という方程式がかけます。したがって，

$$(x-1)+x+(x+1)=45$$

$$3x=45$$

$$x=15$$

とxがもとめられます。したがって，連続する3つの数字は14，15，16ともとめられます。

答え　14，15，16

〔問題4の答え〕

子どもの人数をxとします。チョコレートを1人に5個ずつわけると32個余るということから，チョコレートの数は

$$5x+32 \quad \cdots\cdots\cdots\cdots\cdots ①$$

となります。一方，チョコレートを1人に9個ずつわけると12個たりないということから，チョコレートの数は

$$9x-12 \quad \cdots\cdots\cdots\cdots\cdots ②$$

となります。チョコレートの数は同じなので，つぎの方程式がえられます。

$$5x+32=9x-12$$

$$-4x=-44$$

$$x=11$$

したがって，子どもの人数は 11 人ともとめられます。これを①式に代入すると，

$$5x+32=5\times 11+32$$
$$=55+32$$
$$=87$$

となります。

答え　子どもの人数 11 人
チョコレートの数 87 個

〔問題５の答え〕

白い石の数を x 個，黒い石の数を y 個とする。それぞれの石の数をあわせると，60 個になることから，

$$x+y=60 \quad \cdots\cdots\cdots\cdots\cdots①$$

となります。また，白い石の数は黒い石の数の 2 倍ということから，

$$x=2y \quad \cdots\cdots\cdots\cdots\cdots\cdots②$$

がえられます。②式を①式に代入すると，

$$2y+y=60$$
$$3y=60$$
$$y=20$$

と，黒い石の数がもとめられます。この答えを②式に代入すると，

$$x=2\times 20$$
$$=40$$

となります。

答え　白い石の数 40 個，黒い石の数 20 個

〔問題６の答え〕

昨年度の子どもの入場者数を x 万人，大人の入場者数を y 万人としま

す。昨年度の入場者数が 250 万人であったことから,

$$x+y=250 \quad \cdots\cdots\cdots\cdots\cdots ①$$

がえられます。つぎに，今年度の入場者数は，昨年度解くらべて，子どもが 15%増えて，大人が 10%減り，全体で 10 万人増えましたということから,

$$0.15x-0.1y=10 \quad \cdots\cdots\cdots\cdots\cdots ②$$

②式を 10 倍すると

$$1.5x-y=100 \quad \cdots\cdots\cdots\cdots\cdots\cdots ③$$

①式＋③式を計算すると,

$$2.5x=350$$

$$x=140$$

ともとめることができます。①式に代入すると,

$$x+y=250$$

$$140+y=250$$

$$y=110$$

ともとめられます。

答え　子どもの入場者数 140 万人
大人の入場者数は 110 万人

ちなみに，今年度の子どもの入場者数は 140 万人×1.15＝161 万人，大人の入場者数は 110 万人×0.9＝99 万人となります。

第 4 章の問題の解答

〔問題 1 の答え〕

20 体入りの箱をつかうときに必要な箱の数を x 個とします。人形の数は，20 体入りの箱をつかったときは$(20x-12)$体，24 体入りの箱をつかったときは$24(x-4)$とかくことができます。

ここで，この 2 つの値が等しいので，

$$20x-12=24(x-4)$$

カッコをはずして，

$$20x-12=24x-96$$

x の項を左辺に，定数項を右辺に移項して，

$$-4x=-84$$

$$x=21$$

20 体入りの箱を 21 個つかうと，人形の数は

$$20\times21-12=408$$

答え　人形の数 408 体

〔問題 2 の答え〕

A 駅から B 駅までのみちのりを x km とします。A 駅から B 駅まで普通電車でいくときにかかる時間は $\frac{x}{50}$ 時間です。A 駅から C 駅にいってから B 駅までもどるときにかかる時間は, A 駅から C 駅までは $\frac{200}{75}$ 時間，乗りかえに $\frac{20}{60}$ 時間，C 駅から B 駅までは $\frac{200-x}{50}$ 時間かかります。したがって，合計で $\left(\frac{200}{75}+\frac{20}{60}+\frac{200-x}{50}\right)$ 時間になります。

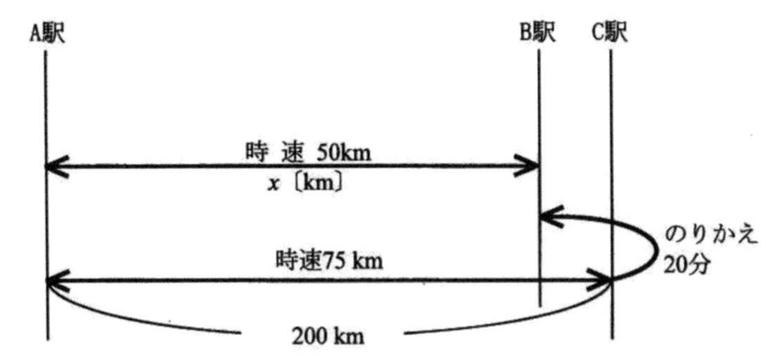

ここで，普通電車でいくときにかかる時間と，特急電車と普通電車でいくときにかかる時間は等しいので，

$$\frac{x}{50}=\frac{200}{75}+\frac{20}{60}+\frac{200-x}{50}$$

がなりたちます。両辺に300をかけて，

$$6x=800+100+6(200-x)$$

$$12x=2100$$

$$x=175$$

答え　175 km

〔問題３の答え〕

12 月のスキーを楽しんだ人数を x，スノーボードを楽しんだ人数を y とします。それぞれあわせて

$$x+y=5500 \quad \cdots\cdots\cdots\cdots\cdots\cdots\text{①}$$

となります。スキーは10%減り，スノーボードは20%増えたので，

$$(1+0.2)y-(1-0.1)x=930$$

整理して，

$$1.2y-0.9x=930 \quad \cdots\cdots\cdots\cdots\cdots\text{②}$$

となります。①式×9＋②式×10 より

$$21y=58800$$

$$y=2800 \quad \cdots\cdots\cdots\cdots\cdots\cdots\cdots\cdots③$$

③式を①式に代入して

$$x+2800=5500$$

$$x=2700$$

となり，1 月のスキーを楽しんだ人は

$$2700\times0.9=2430$$

1 月のスノーボードを楽しんだ人は

$$2800\times1.2=3360$$

答え　1 月にスキーを楽しんだ人数は 2430 人，
スノーボードを楽しんだ人数は 3360 人

〔問題４の答え〕

白のひもには x 点，緑のひもには y 点，オレンジのひもには z 点がそれぞれかいてあるとすると，

$$\begin{cases} x+3y+2z=23 & \cdots\cdots\cdots\cdots① \\ 2x+2y+5z=29 & \cdots\cdots\cdots\cdots② \\ x+4y+3z=31 & \cdots\cdots\cdots\cdots③ \end{cases}$$

③式－①式より

$$y+z=8 \quad \cdots\cdots\cdots\cdots\cdots\cdots④$$

①式×2－②式より

$$4y-z=17 \quad \cdots\cdots\cdots\cdots⑤$$

④式＋⑤式より

$$5y=25$$

$$y=5 \quad \cdots\cdots\cdots\cdots\cdots\cdots⑥$$

⑥式を④式へ代入して

$$5+z=8$$

$$z=3 \quad \cdots\cdots\cdots\cdots\cdots\cdots⑦$$

⑥式，⑦式を①式に代入して

$$x+3\times5+2\times3=23$$

$$x=2$$

答え　白のひも 2 点，
緑のひも 5 点，
オレンジのひも 3 点

〔問題５の答え〕

砂糖水の濃度は，

砂糖の質量÷砂糖水の質量×100

です。これより，

砂糖の質量＝砂糖水の質量×砂糖水の濃度÷100

とあらわされます。ここで，取りだす前の砂糖の割合を 1 とすると，のこりの砂糖水に含まれる砂糖の質量の割合は，

(1－とりだした砂糖の質量の割合)

となります。

はじめにとりだした砂糖水の質量を x g とすると，のこりの砂糖水にふくまれる砂糖の質量の割合は，$1-\dfrac{x}{600}$ となり，のこりの砂糖に含まれる砂糖の質量は，

$$\left\{\left(600\times\frac{12}{100}\right)\times\left(1-\frac{x}{600}\right)\right\}\ \text{g}$$

とかくことができます。

つぎに，砂糖水 $2x$ g とりだしたあと，のこりの砂糖水にふくまれる砂糖の質量は，のこりの砂糖水にふくまれる砂糖の質量の割合が $1-\dfrac{2x}{600}$ な

ので，

$$\left\{\left(600\times\frac{12}{100}\right)\times\left(1-\frac{x}{600}\right)\times\left(1-\frac{2x}{600}\right)\right\}\ \text{g}$$

になります。これが 4.5%の砂糖水 600 g にふくまれる砂糖の質量になるので，

$$\left\{\left(600\times\frac{12}{100}\right)\times\left(1-\frac{x}{600}\right)\times\left(1-\frac{2x}{600}\right)\right\}=600\times\frac{4.5}{100}$$

$$12\times\left(1-\frac{x}{600}\right)\times\left(1-\frac{2x}{600}\right)=4.5$$

カッコをはずして，整理すると，

$$x^2-900x+112500=0$$

因数分解して

$$(x-150)(x-750)=0$$ 注)

したがって，

$$x=150,\quad 750$$

ここで，とりだした砂糖水は 600g より小さいので，

$$x=150$$

答え　150 g

注)　この場合には，因数分解よりも，2 次方程式 $ax^2+bx+c=0$ の根の公式をつかって

$$x=\frac{-b\pm\sqrt{b^2-4ac}}{2a}=\frac{900\pm\sqrt{900^2-4\times112500}}{2}$$

$$=\frac{900\pm\sqrt{360000}}{2}=450\pm300=150,\quad 750$$

ともとめるのが直接的です。

〔問題６の答え〕

正彦さんの出発後の時間を x 時間，A 地点からの距離を y km として，グラフにしたものが図の(i)です。

正彦さんが出発してから x 時間後の和夫さんの A 地点からの距離を y km とすると，

$$y=8\left(x-\frac{1}{2}\right) \quad \cdots\cdots\cdots\cdots\cdots ①$$

となり，これをグラフにすると(ii)になります。このとき，正彦さんのグラフ(i)の bc でまじわっています。直線 bc は点 b(1, 5)を通り，傾きが

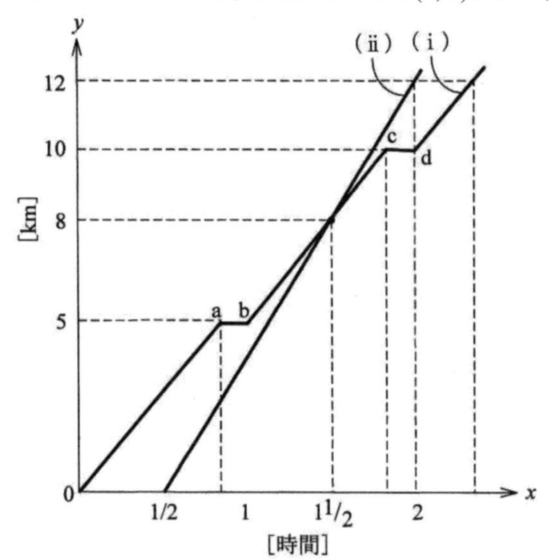

6 ですから，

$$y-5=6(x-1)$$

となり，

$$y=6x-1 \quad \cdots\cdots\cdots\cdots\cdots\cdots ②$$

であらわすことができます。

①式，②式の連立方程式より，

$$x=\frac{3}{2},\ y=8$$

になります。ですから，和夫さんは正彦さんが出発してから$\frac{3}{2}$時間後，つまり 90 分後に追いつきます。よって，和夫さんが出発してから 60 分後に正彦さんに追いつきます。

答え　60 分

〔問題 7 の答え〕

この文章題からわかることを表にまとめます。

調べる人	0 台	1 台	2 台	3 台	4 台	5 台	合計
道　弘	3	17	31	36	11	2	100
友　美	4	21	32	33	9	1	100
ユカリ	2	19	36	31	10	2	100
遥	3	23	33	34	6	1	100
幸　一	2	22	35	37	3	1	100
合　計	14	102	167	171	39	7	500

500 世帯の携帯電話の所有数より

(1 世帯あたりの携帯電話の所有数) × (総世帯数)

をつかうと，

$$(0\times14+1\times102+2\times167+3\times171+4\times39+5\times7)\div500=2.28$$

となり，これは 1 世帯あたりの携帯電話の所有数の推定値です。ここで，世帯数は 2000 ですから，

$$2.28\times2000=4560$$

答え　4560 台

〔問題 8 の答え〕

満さんと美恵さんがゴールに着くまでの時間と距離のグラフを文章題

をもとにあらわします。文章題の情報からグラフ化することにより，文章題をより深く理解することにつながります。

満さんが美恵さんをみつけた時点では，美恵さんまでの距離 500 ｍ と美恵さんからゴールまでの距離 700 ｍ をあわせて，満さんは 1200 ｍ 追いかけることになります。一方，美恵さんはすでに満さんから 500 ｍ 先の地点にいますので，700 ｍ にげることになります。また，満さんと美恵さんのルールと，美恵さんが２分後に気づいたということから，はじめに満さんがいた地点を 0 ｍ として，ゴールまでのグラフはつぎようになります。

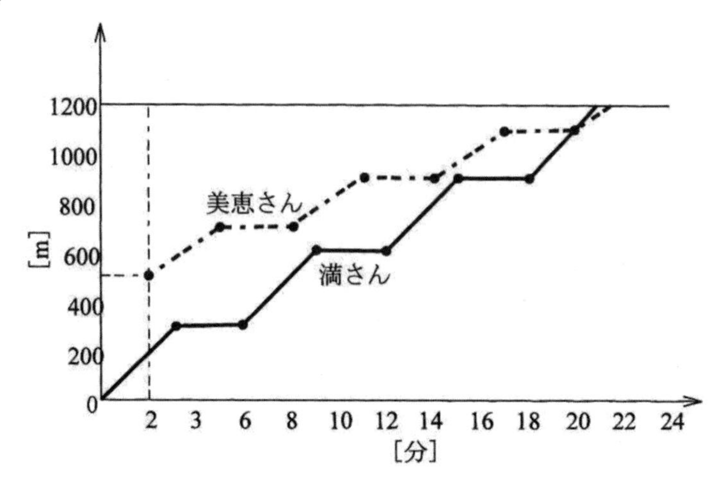

それでは，文章題とグラフから 2 人がゴールするまでの時間を考えてみましょう。

満さんは 1200 m すすむまでのあいだに，300m を 1200÷300＝4 回すすみます。その間に 3 回 3 分休まなければならないので，1200 m 進むまでの時間は,

$$3\times4 \quad + \quad 3\times3 \quad = \quad 21[分]$$

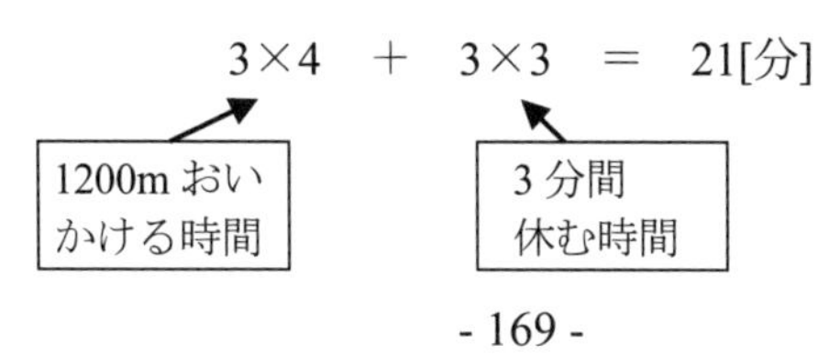

となります。

美恵さんは 700 m 進むまでのあいだに，200 m を 700÷200＝3 あまり 100，つまり 200 m を３回すすみ，３回目に休んだあと，残りの 100 m をすすみます。したがって，700 m すすむまでの時間は

$$3\times3+3\times\frac{100}{200} \quad + \quad 3\times3 \quad = \quad 19.5[\text{分}]$$

↑ 700m にげる時間　　↑ ３分間休む時間

となります。美恵さんは，満さんが出発してから２分後ににげるので，満さんが出発してからは，21.5 分かかります。

したがって，満さんのほうが美恵さんよりも先にゴールに着きます。

答え　美恵さんはにげきることができない。

〔問題９の答え〕

初日も 2 日目も 2 人あわせたお金は同じなので，その金額を x 円とします。貴美子さんは初日に $\frac{5}{12}x$ 円もらったので，初日にハンバーガーを買うためにつかったお金は，

$$\frac{5}{12}x\times\frac{1}{4}=\frac{5}{48}x \quad [\text{円}]$$

とあらわすことができます。貴美子さんが買ったハンバーガーの数を y 個とすると，

$$\frac{5}{48}x=125y$$

$$y=\frac{5}{48}\times\frac{1}{125}x$$

$$y=\frac{1}{1200}x \quad \cdots\cdots\cdots\cdots\cdots\cdots\cdots①$$

とかけます。

真知子さんが 2 日目にハンバーガーを買うためにつかった金額は，

$\frac{11}{18}x\times\frac{1}{5}+50$ [円]となり，ハンバーガーを $1.2y$ 個買ったので，

$$\frac{11}{18}x\times\frac{1}{5}+50=125\times1.2y$$

$$x=\frac{13500}{11}y-\frac{4500}{11} \quad \cdots\cdots\cdots\cdots\cdots②$$

となります。②を①に代入して，

$$y=\frac{1}{1200}\left(\frac{13500}{11}y-\frac{4500}{11}\right)$$

カッコをはずして，整理すると，

$$y=15\ [個]$$

答え　15 個

＜著　者　略　歴＞

黒須　茂（くろす　しげる）

1940 年：東京生まれ。

1962 年：新潟大学工学部機械工学科卒業。同年，大江工業株式会社入社。

1970 年：慶應義塾大学大学院修士課程修了。

1970～74 年：同大学工学部助手。

1974～2003 年：小山工業高等専門学校。

1978～80 年：カリフォルニア大学(バークレー校)在外研究員。

2010 年：芸名黒駒瓢箪(くろこまひょうたん)の名で大道易学「六魔」でデビュー，大道芸研究会に所属。現在，日本計量史学会副会長，小山工業高等専門学校名誉教授。工学博士。

著　書：「制御工学演習」(パワー社，共著)，「ディジタル制御入門」(日刊工業新聞社出版局，共著)，「図解雑学　測る技術」(ナツメ社)など。

山川　雄司（やまかわ　ゆうじ）

1982 年：栃木生まれ。

2003 年：小山工業高等専門学校機械工学科卒業。

2011 年：東京大学大学院情報理工学系研究科システム情報学専攻博士課程修了。

2011 年：同大学院同研究科創造情報学専攻特任助教。現在，同大学院同研究科システム情報学専攻助教。博士(情報理工学)。

横田　正仁（よこた　まさひと）

1974 年：東京生まれ。

1995 年：小山工業高等専門学校物質工学科卒業。

2002 年：東京農工大学大学院連合農学研究科博士課程単位取得満期退学。現在までに，小山工業高等専門学校非常勤講師，バイオテクノロジー専門学校非常勤講師，高校非常勤講師，日本語学校非常勤講師，予備校講師として，生物化学，無機化学，生物工学実験，生物資源工学，微生物学，生物，化学，物理，数学，地学，小論文，中学理科などを担当。(専門)分子生物学，微生物化学，生物化学。

こうすれば解ける！文章題（問題の正しい読み方・解き方）　定価は裏表紙に表示してあります

2017年10月20日　印　刷
2017年10月30日　発　行
©著　者　黒須　茂
山川　雄司
横田　正仁
発行者　原田　守
印刷所　新灯印刷㈱
製本所　新灯印刷㈱

発行所
株式会社　パワー社

振替口座　00130-0-16476番
TEL　東京 03（3972）6811
FAX　東京 03（3972）6835
〒171-0051　東京都豊島区長崎 3-29-2

Printed in Japan
ISBN978-4-8277-3130-9　C0041　⑰